LANGAGE EMBLÉMATIQUE

DES FLEURS.

Poissy. — Typographie ARBIEU.

LE
LANGAGE EMBLÉMATIQUE
DES FLEURS

D'APRÈS LEURS PROPRIÉTÉS NATURELLES, LEUR HISTORIQUE, LA CONSÉCRATION ANCIENNE ET L'USAGE,

AVEC

La nomenclature des différents sentiments dont chaque fleur est le symbole,

suivi

DE LA SIGNIFICATION DES FLEURS ET DE LEUR EMPLOI POUR L'EXPRESSION DES PENSÉES,

Par **B. R.**

Ouvrage orné de gravures coloriées.

PARIS,
CHEZ LES MARCHANDS DE NOUVEAUTÉS.
1851.

INTRODUCTION.

Tout vit, tout sent, tout parle dans le monde ; et si, selon l'expression d'un grand écrivain, les merveilles des cieux racontent aux hommes la puissance de Dieu, les fleurs, ces merveilles de la terre, n'ont pas un langage moins éloquent, ni moins divin ; langage facilement compris de tous, parce qu'il s'adresse à l'âme et au cœur plutôt qu'à l'esprit.

Les fleurs, dès le commencement du monde, ont dû servir à l'homme, pour exprimer ses désirs et ses besoins, car besoins et désirs s'avivent à la vue des fleurs, au parfum qu'elles répandent ; il y a, entre ces choses, une corrélation innée, une affinité mystérieuse qui se révèlent et ne s'expliquent point.

Tous les peuples de l'antiquité ont aimé, cultivé, chanté les fleurs. Chez les Grecs, il n'y avait pas de banquet sans fleurs; Anacréon ne chantait que couronné de roses. Bien avant ce temps, Babylone voyait s'élever ses jardins suspendus, sanctuaires dédiés à ces brillantes filles de la terre et du soleil, et sous le ciel de l'Egypte, les Pharaon leur rendaient hommage.

Des Grecs, l'amour des fleurs passa aux Romains: il fallait, pour qu'Horace fût inspiré, qu'on jetât des roses dans sa coupe, en même temps qu'on y versait de ce vin de Falerne qu'il a illustré. Les Romains poussèrent loin l'art d'obtenir des fleurs en toute saison : ils construisaient des serres montées sur des roues, de manière que les fleurs qu'elles contenaient, pussent être toujours mises aux expositions les plus convenables.

Mais c'est surtout dans le vieux monde, c'est en Orient que l'amour des fleurs s'est montré dans toute sa puissance. C'est là que fut comprise d'abord cette analogie si vraie, si incontestable entre les fleurs et les émanations de l'âme; là qu'on imagina ces allégories transparentes, plus éloquentes que la parole; c'est là enfin que naquit le véritable langage des fleurs.

Chez nous, dans les temps reculés, aussi haut qu'on peut remonter, on voit les fleurs en grand honneur : on en jetait sur le passage des grands qu'on voulait honorer; le messager qui apportait une bonne nouvelle,

était couronné de fleurs ; on couvrait de fleurs le corps
'dun parent, d'un ami qu'on portait à sa dernière
demeure ; on en parait les autels et les tombeaux, et
les femmes, par les diverses fleurs dont elles compo-
saient leurs couronnes, annonçaient leurs goûts et
leurs préférences.

De là au véritable langage des fleurs, il n'y avait pas
loin, et les enfants de Mahomet n'eurent pas à faire de
grands efforts pour compléter cette création, seul produit de l'intelligence que les ténèbres de la barbarie
n'eussent pas englouti.

Depuis cette époque le langage des fleurs a subi de
nombreuses modifications ; d'abord à raison de la
grande quantité de fleurs inconnues à nos pères, dont
nos jardins se sont successivement enrichis, et puis à
cause de la propriété mieux connue de beaucoup d'entre elles.

Mais il ne faut pas croire qu'il soit nécessaire d'être
un savant botaniste, ou seulement un horticulteur
consommé, pour traduire toutes les jolies choses qui
peuvent être dites dans ce gracieux idiome ; non : il
semble au contraire que les souplesses, les finesses, les
délicatesses de cette langue soient chez nous choses in-
tuitives : à tous les yeux la rose dit amour, volupté ; et
la scabieuse tristesse et deuil ; quelle preuve plus cer-
taine de cette affinité dont nous parlions tout à
l'heure !

Écoutons Balzac, de si gracieuse et spirituelle mémoire, nous montrant, dans la composition d'un bouquet, ces merveilles d'éloquence végétale, que l'amour lui fit découvrir, et qui ne sont autre chose que le langage des fleurs, orné de toutes les parures d'un style inimitable :

« Avez-vous senti dans les prairies, au mois de mai, ce parfum qui communique à tous les êtres, l'ivresse de la fécondation ?... Une petite herbe, la flouve odorante , est un des plus puissants principes de cette harmonie voilée. Mettez ses lames luisantes et rayées comme une robe à filets blancs et verts dans un bouquet ; ses inépuisables exhalaisons remueront au fond de votre cœur les roses en bouton que la pudeur y écrase. Autour du col évasé de la porcelaine, supposez une forte marge, uniquement composée des touffes blanches particulières au sédum des vignes ; de cette assise sortent les spirales des liserons à cloches blanches, les brindilles de la bugrone rose, mêlées de quelques fougères, de quelques jeunes pousses de chêne, aux feuilles magnifiquement colorées et lustrées , humbles comme des saules pleureurs, timides et suppliantes comme des prières. Au-dessus, voyez les fibrilles déliées, fleuries, sans cesse agitées de l'amourette purpurine, qui verse à flots ses anthères florescentes ; les pyramides neigeuses du paturin des champs et des eaux, la verte chevelure des bromes stériles, les panaches effilés de ces agrostis nommés les épis du vent ; violâtres espérances dont se

couronnent les premiers rêves et qui se détachent sur
le fond gris de lin, où la lumière rayonne autour de
ces herbes en fleur. Plus haut, quelques roses du Bengale clairsemées parmi les folles dentelles du daucus,
les plumes de la linaigrette, les marabouts de la reine
des prés, les ombelles du cerfeuil sauvage, les blonds
cheveux de la clématite en fruits, les mignons sautoirs
de la croisette au blanc de lait, les corymbes des mille-
feuilles, les tiges diffuses de la fumeterre aux fleurs roses et noires, les vrilles de la vigne, les brins tortueux
des chèvrefeuilles; enfin tout ce que ces naïves créatu-
res ont de plus échevelé, de plus déchiré, des flammes et
de triples dards, des fleurs lancéolées, déchiquetées, des
tiges tourmentées comme les désirs entortillés au fond
de l'âme. Du sein de ce prolixe torrent d'amour qui dé-
borde, s'élance un magnifique pavot rouge, accompagné
de ses glands prêts à s'ouvrir, déployant les flammes de
son incendie au-dessus des jasmins étoilés, et dominant
la pluie incessante du pollen, beau nuage qui papillotte
dans l'air, en reflétant le jour dans ses mille parcelles
luisantes ! Quelle femme enivrée par la senteur d'a-
phrodite cachée dans la flouve, ne comprendra ce luxe
d'idées soumises, cette blanche tendresse troublée par
des mouvements indomptés, et ce rouge désir de l'a-
mour, qui demande un bonheur refusé dans les luttes
cent fois recommencées de la passion contenue, infati-
gable, éternelle ? Mettez ce discours dans la lumière

d'une croisée, afin d'en montrer les frais détails, les délicates oppositions, les arabesques, afin que la souveraine y voie une fleur plus épanouie et d'où tombe une larme ; elle sera prête à s'abandonner ; il faudra qu'un ange la retienne. »

Ah ! celui-là connaissait bien la puissance du langage des fleurs !

Cependant les principales règles de cette gracieuse langue avaient, depuis longtemps, besoin d'être revues ; plusieurs étaient surannées, et puis il y avait une foule de néologismes qui demandaient droit de cité dans cette lexicographie pittoresque et sentimentale : c'est à ce besoin d'amélioration que répond notre ouvrage.

Aujourd'hui les fleurs sont le complément obligé, indispensable de toutes les fêtes. Que serait un bal sans fleurs, des noces sans bouquets ? La plus brillante toilette d'une jolie femme est incomplète, si elle n'est accompagnée de quelques-unes de ces suaves productions de la nature. Un joli bouquet est une si délicieuse chose ! N'est-ce pas à la fois un confident intime, un messager discret, un ami dévoué, qui se prête à toutes sortes de charmantes combinaisons ? A ce compagnon indispensable de la beauté, nous avons aussi consacré une partie importante de notre livre.

L'amour des fleurs est l'indice d'une haute intelligence, des instincts généreux, d'un grand cœur accessible à toutes les passions nobles.

Défiez-vous, a dit un sage, de quiconque n'aime ni la musique, ni les fleurs. C'est qu'en effet les fleurs sont la musique des yeux, et que l'harmonie est là dans les formes, les couleurs et les parfums, comme elle est dans la combinaison des sons.

Selon l'expression d'un homme compétent en cette matière, il n'y a plus à présent d'hiver pour les fleurs; leur prix, même dans la saison rigoureuse, est à la portée de toutes les bourses. Quels progrès les horticulteurs ont faits depuis cinquante ans ! Au commencement de ce siècle, les fleurs étaient si rares, qu'on était obligé d'y suppléer dans les soirées par le corail, les perles, les diamants, ou par des fleurs artificielles, grossières imitations de la nature; une fleur de camélia se payait alors quarante ou cinquante francs. Maintenant, il n'y a pas, chez les fleuristes, de différence entre le mois de décembre et le mois de mai. Violettes, lilas, roses, œillets pullulent, alors même que le froid durcit la terre et que la neige tombe à gros flocons.

Il n'est donc plus permis d'ignorer cette langue universelle, et c'est un véritable service que nous rendons au monde élégant, en lui dédiant ce glossaire épuré, qui peut en tout temps donner de si douces et innocentes jouissances.

LANGAGE DES FLEURS.

Amaranthe.

ABSINTHE, *peines de cœur*; par analogie avec son amertume qui est proverbiale. L'absinthe est une plante qui croît dans le midi et demande quelques soins dans nos climats. Elle s'élève peu; ses tiges ne passent guère la hauteur d'un pied; elles sont minces et branchues, mais la tige principale surmonte presque seule toutes les autres; leur teinte est grise et blanchâtre. Une tige d'absinthe présente, en miniature, le port élancé d'un peuplier chargé de tous ses rameaux.

AMARANTHE, *constance*. Son nom en grec signifie, qui ne se flétrit point ; en effet, elle fleurit en automne et tout l'hiver.

> « Tel un ami qu'entraîne un long voyage,
> » De loin encor tournant les yeux vers nous,
> » De ses regrets nous offre un dernier gage ;
> » Et de sa main, tendre et muet langage,
> » Nous dit : Adieu ; mon cœur reste avec vous.»

Aux jeux floraux, une amaranthe d'or est adjugée tous les ans à l'auteur d'une ode.

AMARILLIS, *très-belle, je brille*. Cette plante, nommée aussi lis Saint-Jacques ou croix de Calatrava, produit une fleur dont le tissu ressemble à un velours rubis parsemé de poudre d'or. Ses pétales se redressent en l'air en s'écartant comme les bras d'une croix.

ANANAS, *perfection*. L'ananas, originaire des Indes, a été transplanté en Amérique et rapporté dans les serres d'Europe. C'est un fruit délicieux dans son pays natal, mais dans nos climats, il perd une partie de son parfum et n'est plus qu'un objet de pure ostentation.

ANCHOLIE, *folie*. La fraîche ancholie est connue dans les campagnes sous le nom de la gantelée. Sa tige est droite et porte plusieurs branches ; elle a peu de feuilles, ce qui lui donne l'air svelte et léger. Les branches, comme la tige, sont légèrement velues ; une teinte rougeâtre annonce l'esprit vital de la plante. Chaque branche se penche à son extrémité et développe une élégante fleur composée de cinq cornets renversés.

Cette belle fleur, toujours inclinée, est comme une réunion de clochettes chinoises dont on voudrait orner la pointe recourbée d'un joli pavillon.

ANÉMONE, *abandon.* Au printemps on voit cette jolie plante d'ornement, de la famille des renoncules, s'épanouir dans nos jardins, mais on en trouve aussi de sauvages dans les bois et sur les montagnes. Ovide raconte que Mars, jaloux d'Adonis, le fit tuer à la chasse par un sanglier, et que Vénus le changea en anémone. Faible avantage, ajoute-t-il : fleur délicate, légère et peu durable, les vents, qui lui prêtent leur nom (en grec anémone dérive du mot vent), la renversent au moindre souffle.

ANGÉLIQUE, *esprit mélancolique.* L'angélique végétale est une reine du midi, mais nos régions agrestes ont pour elle un charme secret. Telle cette belle princesse adorée de tant de paladins : elle préfère Médor et l'asile d'un berger. L'angélique des prairies lève une tête élégante au sommet d'une tige épaisse, creuse, lisse, rougeâtre, et dont la teinte a de la douceur. Dans l'enceinte de nos jardins cette plante forme de massifs buissons, et son odeur devient plus pénétrante ; celle des prés a fort peu de parfum.

ARGENTINE FAUSSE, *naïveté.* La fausse argentine ou céraiste, autrement l'œilleton des bois, est une plante légère, délicate ; sa tige est mince et arrondie ; ses feuilles sont rares et petites ; sa fleur exhale une odeur douce et charmante. Elle a d'autant plus de prix qu'on attend moins d'un aussi frêle objet. On aime à découvrir, on se plaît à la surprise que causent les moyens inattendus d'un être faible et peu confiant, et voilà ce qui prête tant d'avantages à la timide modestie.

ARRÊTE-BŒUF ou BUGRANE, *entraves*. On le dit propre à toutes les maladies, entre autres à la gravelle, à la néphrétique, à l'esquinancie, en un mot à tous les maux.

Ce joli remède est une petite papillonacée dont les tiges rougeâtres et entrelacées rampent et s'engagent autour de la charrue, ce qui peut avoir motivé son nom. A l'extrémité du petit rameau sur lequel se groupent ses fleurs, est une pointe jaunâtre et piquante, dure et fine comme une aiguille. L'arrête-bœuf appelle par ses grâces et sa douce teinte, la main que déchire sa perfide pointe ; on trouverait là un beau sujet de moralité : bornons-nous à dire que c'est une rencontre très-dangereuse pour le moissonneur. Mauvaise herbe, dit-on, croît toujours, et cette plante fleurit longtemps.

ASTER, *élégance*. Cette plante, qui s'élève dans nos parterres en gerbes et en buissons, forme plusieurs espèces dont la plus remarquable est connue sous le nom de reine-marguerite. Celle-ci nous vient de la Chine; elle est une des dernières parures de l'automne. Privée de la fraîcheur et de la légèreté printannières ; mais riche, éclatante et durable, son empire semble s'appuyer sur les souvenirs mêmes que l'imagination garde aux fleurs qui viennent de passer. Ses grandes fleurs radiées sont simples ou doubles, variées de toutes les couleurs; mais particulièrement blanches, bleues, violet-

tes, rouges, mélangées, jamais jaunes et souvent pana-
chées. Les fleurs des autres espèces d'asters dérivent
toujours d'un mélange du bleu, du rose ou du blanc
pur. Leur forme radiée leur a valu le nom d'aster, qui
veut dire étoile.

AUBÉPINE , *doux espoir*. Tout le monde connaît ce joli
buisson blanc et odorant, qui embaume nos campagnes
au printemps. L'aubépine est moins éclatante que le
magnifique cerisier double, mais les grappes de ses
fleurs se balancent doucement sur ses rameaux flexibles
et disposés avec une grâce-inimitable. Bientôt elle chan-
gera ses fleurs en petits fruits rouges, et les oiseaux ha-
biteront à l'entour. C'est là qu'il faut venir entendre
leurs concerts. Son épine est peu redoutable, et ne sert
guère qu'à sa défense; elle n'abandonne point la fleur,
et semble en quelque sorte ajouter aux charmes de sa
forme modeste et de ses parfums. Selon les Romains
l'aubépine avait la propriété de chasser les maléfices, à
raison de quoi ils en portaient des faisceaux dans les
mariages et en attachaient des branches près du berceau
des nouveau-nés. Chez nous son usage est plus naturel :
on en forme d'excellentes clôtures, et comme son existence est fort longue, elle sert de bornes quand celles
de pierres ont disparu.

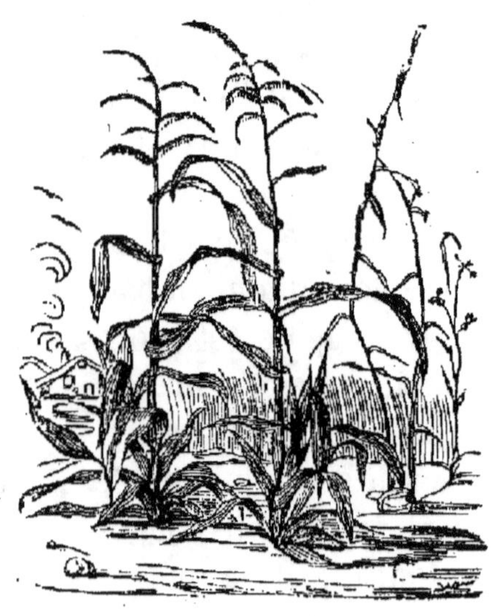

Blé de Turquie.

BLÉ DE TURQUIE, BLÉ D'ESPAGNE, BLÉ D'INDE, BLÉ DE ROME, OU MAÏS, *abondance*. Le maïs, importé de l'Amérique, faisait déjà partie des récoltes sous le règne de Henri III, et il se cultive aujourd'hui en grande quantité dans tous les pays où il peut mûrir. On connaît plusieurs variétés dans la couleur, la forme et la grandeur des grains et des épis de cette plante, placée généralement à la tête des substances alimentaires.

BALSAMINE, *impatience*. La tige de cette plante, à peine haute d'un pied, est garnie de quelques branches, surtout à sa base; ses fleurs, à éperon, se placent au long des tiges, aux aisselles des feuilles, et ces feuilles étroites et brillantes, qui garnissent toute la plante, la terminent élégamment par un léger bouquet de verdure. Une capsule à cinq valves est garnie de graines productives. Ces capsules se tordent à leur maturité, dès qu'on les touche et lancent les graines avec une force qu'accompagne une explosion. C'est l'artillerie de Flore. De là le nom d'*impatiente* et de *Noli me tangere* que les botanistes ont donné à cette jolie plante. Son extérieur n'y répond point; elle a quelque chose de bien ordonné, de bien arrangé, qui rappellerait plutôt les qualités d'une fille sage, que les espiégleries d'une nymphe folâtre.

BARDANNE, *importunité*. Les graines que produit la fleur rouge de cette plante, s'accrochent si facilement à la laine des troupeaux et aux habits des bergers, qu'on lui a donné les noms de *teigne*, de *glouteron* et qu'elle figure l'importunité.

BASILIC, *pauvreté*. Le basilic est une petite plante qui croît en touffes, à l'aide des soins qu'on lui donne en hiver dans nos climats. Son odeur semble appartenir à la feuille plus qu'à la fleur, et devient toujours plus sensible quand on y passe la main. Les artisans affectionnent le basilic et le cultivent de prédilection. On représente la pauvreté sous la figure d'une pauvre femme ayant près d'elle un pot de basilic.

BELLE DE JOUR, *vertu attractive*.

BELLE DE NUIT, *timidité*. L'une s'ouvre aussitôt qu'un rayon de soleil la frappe; l'autre se ferme dès qu'elle en a senti l'influence; la première se replie chaque soir; la seconde se développe doucement à mesure que baisse le crépuscule, et elle exhale un doux parfum. Cet état successif par lequel passent les deux plantes est un véritable sommeil qui se manifeste sensiblement par les feuilles, ainsi que cela arrive généralement pour les plantes mimeuses, ayant presque toutes des feuilles composées qui s'approchent, se replient, retombent chaque soir, et affectent une attitude qui ne varie jamais dans leur espèce.

LA BELLE DE JOUR est le liseron de Portugal, nommé liseron tricolore parce que sa fleur réunit le bleu céleste, le blanc et le jaune. Elle a besoin d'être appuyée et s'attache à tout ce qui l'avoisine, aussi son étymologie latine signifie *entortiller*.

LA BELLE DE NUIT est un jalap à odeur de fleur d'oranger. Elle rampe presque toujours à terre. Ses fleurs blanches s'agglomèrent en bouquet au sommet de chaque rameau; elles se rangent et s'établissent entre des touffes de feuillage, sur lesquelles elles semblent couchées. Les phénomènes que nous venons de décrire se trouvent expliqués dans les vers suivants :

« Si l'on voit quelques fleurs d'origine étrangère
» Éviter parmi nous l'éclat de la lumière,
» C'est qu'aux lieux où l'Europe a ravi leur enfance,
» Le jour naît quand la nuit vers nos climats s'avance;
» C'est que de leur patrie elles suivent les lois,
» S'ouvrent à la même heure ainsi qu'au même mois. »

BÉTOINE, *surprise*, *agitation*. On a prétendu que cette plante répandait, en temps chaud, des émanations capables d'agir fortement sur les personnes nerveuses, et sur certaines maladies ; elle a perdu aujourd'hui son antique réputation médicale ; mais son ancienne renommée, dont quelques bienfaits ont été certainement le principe, lui vaut toujours, en passant, quelque hommage. Chacun est reconnaissant du bienfait dont il a été témoin.

BLÉ, *abondance, richesse*. Le froment, originaire d'Asie, s'étendit insensiblement de l'Orient en Grèce et en Italie, sous la protection sacrée de Cérès, qui, couronnée d'épis, présidait aux moissons. De proche en proche il pénétra dans les Gaules, où, avec les progrès du temps, il est devenu la plante la plus importante de celles qu'on y cultive.

BLUET, *clarté, lumière*. Le bluet est la parure des blés et l'ornement des jardins, par sa belle couleur bleue. La culture en fournit de roses, de violets, de blancs, de panachés, mais jamais de jaunes. On attribuait à l'eau de cette fleur la propriété de conserver la vue, ce qui lui avait valu le surnom de casse-lunettes ; mais on n'en fait plus le même cas aujourd'hui.

BOUILLON-BLANC, *bon naturel*. Cette plante est si remarquable par la couleur gris bleuâtre de ses feuilles, par leur épaisseur et leur toucher moelleux analogue à celui d'une étoffe de laine, que tous les habitants de la campagne la connaissent. Sa tige s'élève à la hauteur de trois à quatre pieds, ses feuilles et ses fleurs jaunes disposées en épi sont pectorales ; et Bernardin de Saint-Pierre, interprète de la Providence, nous dit qu'elle croît dans

la saison où les rhumes de chaleur la rendent plus nécessaire.

BOULE DE NEIGE, *refroidissement.* C'est au mois de mai
que paraissent, avec une abondance à la fois simple et
aimable, les fleurs de la boule de neige qui contrastent
agréablement par leur blancheur avec les autres fleurs
de nos jardins. L'espèce sauvage n'a pas les fleurs disposées en boules, mais simplement en collerettes; elle
se fait cependant remarquer dans les buissons par l'élégance de son port, ses feuilles cotonneuses et ses graines
rouges qui passent insensiblement au noir bleuâtre.

BOUTON D'OR, *raillerie.* Le bouton d'or est joli et commun; mais cette petite fleur jaune, brillante et satinée
qui ouvre son hypocrite corolle, cache, comme la Sy-
rène, une queue redoutable, c'est-à-dire des feuilles,
des racines, dont le suc corrosif peut devenir mortel.

BUIS, *fermeté, stoïcisme.* Cet arbuste toujours vert s'é-
lève jusqu'à quarante pieds. Son odeur est plus forte
qu'agréable. Monument du mauvais goût, le buis en
buissons a représenté des oiseaux, des chats, des ornements d'architecture et toutes gentillesses que l'art, privé
du sentiment de la nature, peut inventer pour la faire
regretter. Comme tous les arbres verts, il se dépouille
de ses feuilles chaque année; mais il ne les perd et ne
les remplace que successivement, comme les oiseaux
à la mue de leur plume. On attribue cette verdure perpétuelle à la qualité plus compacte des fibres, qui dimi-
nue la transpiration de la plante, et lui permet ainsi de
braver les hivers.

Campanules.

CAMPANULE, *flatterie*. La fleur, du lilas le plus tendre, retombe avec grâce, comme une véritable clochette; de là, l'étymologie de son nom; mais comme on l'appelle vulgairement miroir de Vénus, elle est devenue le symbole de la vanité.

CAPUCINE, *feu d'amour*. La capucine vient du Pérou, dont elle est le cresson. Emblême intéressant des vierges du soleil, c'est toujours vers lui qu'elle se tourne. Semez-en sur votre fenêtre, et de l'intérieur de la maison vous ne verrez que le dessous des feuilles et l'éperon des fleurs. Leur forme, qui représente à peu près la figure du capuchon d'un moine, a valu le nom de capucine à cette jolie plante. Dans les soirées des jours chauds d'été, il sort de la grande capucine des étincelles électriques.

CHAMPIGNONS, *méfiance.* Ces végétaux sont des corps énigmatiques sur la reproduction desquels on n'est point encore fixé. On sait seulement que la moisissure, la rouille du grain, le pourri du froment et l'ergot du seigle sont dus à des plantes parasites de la famille des champignons. Ils n'ont ni feuilles ni fleurs, ni fruits ; leur consistance est aussi variable que leurs formes ; il y en a de gélatineux, de coriaces et de ligneux ; leur durée est également assez variable et leur couleur se diversifie à l'infini. Plusieurs, quand on les fend, se colorent tout à coup de bleu, de rouge, même de noir, et rien ne semble mieux convenir à l'appareil magique des plus affreuses conjurations.

Les caractères qui distinguent le champignon le plus dangereux du plus innocent ne sont pas bien déterminés ; aucune espèce ne fournissant à l'analyse la moindre particule nourrissante, l'on n'a pu découvrir ce qui en constituait le venin. Cependant on admet en France, comme pouvant être mangés sans inconvénient : le champignon de couches, tant que ses feuillets roses ne sont pas devenus noirs en vieillissant ; l'oronge, qu'on ne doit pas confondre avec la fausse oronge qui n'en diffère que parce que son voile blanc reste attaché par morceaux sur son chapeau, tandis que dans l'autre, il se déchire sans y laisser aucune trace ; le cèpe, couleur de cuir nuancé de vert, d'une chair blanche et facile à séparer de la partie inférieure de couleur fauve et verdâtre et criblée de pores. Il ne devient vénéneux que lorsqu'il se décompose, mais on peut le faire dessécher. Les autres espèces non-malfaisantes sont trop difficiles à reconnaître, pour qu'il ne soit pas préférable d'y renoncer. Il paraîtrait, cependant, que le venin de certains champignons peut se détruire en les faisant bouillir ou seulement tremper dans de l'eau vinaigrée et en les assaisonnant avec du jus de citron.

CHÈVREFEUILLE, *liens d'amour*. Il y a plus de douze variétés de ces arbrisseaux sarmenteux et grimpants. Leurs fleurs sont disposées en bouquets terminaux ; et, dans l'espèce le plus ordinairement cultivée, la couleur est un assemblage de nuances rouges et jaunes plus ou moins vives, d'une odeur agréable et assez forte.

CIGÜE, *perfidie*. La ciguë ordinaire est d'un aspect sinistre. Elle a parfois une odeur forte et ses tiges sont flambées de rouge. Sa ressemblance avec le persil a occasionné plus d'une fois de dangereuses méprises. Certes, dans leur ensemble et dans leur floraison, ces deux plantes ne se confondent point ; il n'existe de rapport que dans leurs feuilles radicales. L'espèce aquatique, qui croît dans les eaux dormantes et dont les branches s'élèvent du sol des étangs jusqu'à la hauteur de cinq pieds, est la plus dangereuse et la plus vénéneuse. Mais elle l'est du moins sans reproche à notre égard, puisqu'elle ne vit qu'au fond de l'humide élément.

CISTE, *jalousie*. Le ciste ou fleur du soleil, s'élève en Grèce à la dignité de l'arbrisseau, et a des variétés sans nombre. Cette plante se dénature presque en habitant dans nos climats; elle cherche les rayons du soleil qu'elle adore et ce n'est que dans les provinces du midi que ses blanches corolles se changent en tissus d'or. On la voit se fermer la nuit; ses voiles retombent négligés comme ceux d'une beauté gémissante. Mais le retour du soleil produit sur elle un effet magnétique. Alors elle se dilate et représente à ses rayons une gerbe d'étamines dorées qui semblent leur répondre. On trouve dans nos bois un ciste dont la corolle est jaune. Les voiles teints de safran de cette autre oréade ne s'ouvrent, comme les blancs, qu'aux seuls rayons du jour. Ils ont les mêmes formes, la même finesse, autant de mollesse et d'élégance.

CONSOUDE, *bienfaisance*. La grande consoude est utile dans ses propriétés. Plante bonne et salutaire, son suc bienfaisant consolide les plaies et cicatrise, au fond de la poitrine, un vaisseau rompu par un effort. Elle n'est point belle; mais quel saint respect elle inspire aux cœurs qui lui doivent reconnaissance !

Elle fleurit dans les prés humides depuis le mois de mai jusqu'en octobre, et multiplie tellement ses racines qu'on ne peut la détruire.

COQUELICOT, *repos*. Le coquelicot des champs est une espèce de pavot dont l'éclat se fait remarquer entre les grêles tuyaux de seigle ou les épis naissants du blé. Il dispute au bluet la parure des bergers, et le laboureur lui-même lui permet de border ses champs. Cette plante répand une odeur agréable et peut-être narcotique.

CORONILLE, *ingénuité*. La coronille est une petite papillonacée jolie et riante. Sa tige mince et verte et pourtant carrée et cannelée, porte des branches horizontales auxquelles sont attachées jusqu'à quinze fleurs, vêtues de blanc et de couleur rose en forme de petits dais. Elles semblent retomber comme les clochettes d'un pavillon chinois. La coronille n'est point une plante rampante, mais elle s'attache volontiers à un appui qui la relève et lui prête plus de force et de grâce. Elle n'exige pas, mais elle aime qu'on la soutienne.

COURONNE IMPÉRIALE, *dignité*. Qu'on se figure une belle tige, unique, et bien droite ; elle est entourée de feuilles depuis sa base jusqu'aux deux tiers de sa hauteur ; puis elle s'élève ronde et nue comme une colonne ; un beau bouquet de feuilles lui sert de chapiteau ; et entre ces feuilles retombent de belles tulipes, qui composent une couronne, et qui méritent à cette plante le nom de couronne impériale. C'est une espèce de fritillaire ; mais nos fritillaires gauloises ne peuvent entrer en comparaison avec cette majestueuse étrangère. La bulbe qui renferme sa gloire nous vient de la Hollande et fait pour elle un objet de commerce.

CRÊTE DE COQ, *perversité*. Cette petite plante abonde dans les terres et dans les prés ; nos cultivateurs la considèrent comme un usurpateur terroriste. Elle brûle, disent-ils, les plantes et les herbes environnantes ; elle envahit le sol et le stérilise. Ce petit fléau ne s'élève point à une grande hauteur, mais il pullule à l'exès, et sa tige, dure et ligneuse, mêlée dans le fourrage, ne nourrit point le bétail et lui fait trouver le foin mauvais.

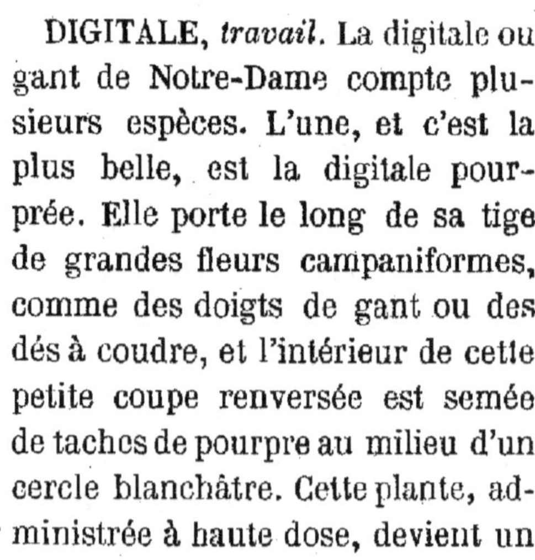

DIGITALE, *travail*. La digitale ou gant de Notre-Dame compte plusieurs espèces. L'une, et c'est la plus belle, est la digitale pourprée. Elle porte le long de sa tige de grandes fleurs campaniformes, comme des doigts de gant ou des dés à coudre, et l'intérieur de cette petite coupe renversée est semée de taches de pourpre au milieu d'un cercle blanchâtre. Cette plante, administrée à haute dose, devient un poison narcotique utile dans diverses affections.

DAHLIA, *abondance stérile*. Ces belles fleurs, apportées

du Mexique, il y a environ trente ans, restèrent longtemps un objet de luxe dans le midi de la France ; depuis
elles se sont tellement multipliées qu'on les voit dans
tous les jardins. Les premières variétés se bornaient au
pourpre, au lilas et au jaune ; mais comme chaque année produit une variété nouvelle, il en existe aujourd'hui
une infinité parmi lesquelles le blanc mat est une des
plus distinguées. C'est la plus mobile de toutes les
plantes, soit dans l'élévation de sa tige qui varie de deux
à six pieds, soit dans la nuance de ses fleurs radiées
que la seule nature du terrain peut modifier.

DIPSACUS, *chardon, j'ai soif*. Il suffit de quelques pro-
menades dans la campagne pour remarquer le nombre
et la variété des chardons : barrière naturelle autour des
champs, c'est au moment de la récolte qu'on les voit
tous s'épaissir.

Le *chardon frisé*, s'élève fort peu et buissonne beaucoup ; il ajoute à l'aridité du sol qu'il couvre : ses
maigres houppes de fleurs purpurines disposées au
long de ses branches, sont plutôt un symbole de sé-
cheresse que de fraîcheur. On pourrait à quelques égards
trouver ce chardon assez doux : conservez néanmoins
une sage méfiance ; le calice de ces fleurs est armé de
fortes épines : boursouflé par tant de lames qui se rangent autour de lui, il ressemble à un petit hérisson.

Le chardon à coton s'élève jusqu'à cinq ou six pieds ;
ses tiges sont très-branchues et les feuilles qui ornent
leur base, empruntent de leurs dimensions et de leurs
contours un caractère de majesté. On dirait que les vé-

gétaux les plus épineux, les plus redoutables, ont demandé au ciel de leur accorder quelques fleurs. On ne s'avoue pas qu'on est dur, on veut seulement se croire austère et grave; et il est très-certain que personne n'aime à déplaire. Dans ce chardon, les fleurs sont nombreuses au sommet des rameaux. Leur calice, accompagné de feuilles très-étroites et très-épineuses, est formé d'écailles qui se détachent circulairement les unes des autres. Ces écailles étroites s'amincissent comme un fil rond; et ce prétendu fil est comme l'étui d'où s'élance un dard très-aigu.

Le chardon-bonnetier, que l'on cultive pour l'usage qu'on en fait dans l'industrie des lainages, forme une exception dans la famille nombreuse des chardons. Sa tige droite et haute est fort branchue, et chargée sur tous ses côtés de véritables épines. Les feuilles ne se trouvent qu'à la naissance des branches. La tête du chardon a la forme d'un pompon hérissé de crochets pointus et sert à peigner les draps. Mille fleurs délicates se trouvent entre les épines imposantes, et secrètent un suc dont les abeilles sont très-friandes; les feuilles bienfaisantes conservent aux oiseaux la douce rosée du matin et fournissent une eau salutaire pour les maux d'yeux.

Tel est l'agréable détail que nous présente le dipsacus. La nature prudente nous encourage ainsi à ne jamais nous prévenir ni sur les noms ni sur les apparences.

Éphémère.

ÉGLANTIER , *éloquence*. La rose primitive, l'églantine, paraît sur de légers buissons, dont l'écorce verte et bien lisse est armée d'épines corticales qui se renouvellent tous les ans. Les fleurs, en très-grand nombre, naissent à l'extrémité des petites branches multipliées. Leur épanouissement se succède, et la première qui s'ouvre est d'ordinaire entourée de boutons. Ce bouton, ses développements successifs, l'agrégation de ses pétales, leur rapprochement toujours heureux, sont un sujet de contemplation et presque d'occupation pour le cœur. Il faut voir les guirlandes que forme l'églantier; il faut considérer les arcs, les courbes, les jets spontanés de ses rameaux que l'art n'égalera jamais; il faut les voir et non les décrire. Il est des impressions dont la nature s'est réservé le secret. Malheur à qui prétend tout dire. L'églantine, à l'odeur si douce, aux nuances si tendres, était la fleur de Clémence Isaure, et elle est devenue l'emblème de ce don de la nature que l'art perfectionne mais qu'il ne peut créer.

ÉPHÉMÉRINE, *bonheur d'un instant*. Cette plante, originaire de la Virginie, donne de très-jolies fleurs qui ne durent que quelques heures, mais qui se succèdent depuis le mois de juin jusqu'en octobre.

ÉPINE NOIRE, *difficulté*. L'épine noire est ce buisson qui porte des prunelles, ce petit fruit qui fait braver aux enfants les piqûres de ses tiges. Les oiseaux ont le même attrait; ils nichent en colonie dans ses buissons, ils s'y réunissent comme autour d'un festin : plus gais que nous, quand ils ont le nécessaire, ces petits hôtes célèbrent leur joie par des chants.

Rien de si blanc que la fleur de l'épine noire, dont aucune feuille encore n'a modifié le contraste. Il faut, dit-on, quelques instants de froid pour l'épanouir. Ainsi sur ces haies qui ressemblaient à du bois mort, on voit en quelques jours des branches irrégulières chargées de flocons agréables. Ces guirlandes naturelles donnent un air de fête au désert le plus âpre. Une fleur est toujours ou le symbole, ou le souvenir, ou l'augure d'un sentiment doux et de quelque bonheur.

Fraisier.

FRAISIER, *délices*. Cette plante, insinuante et modeste, qui trace continuellement et, comme l'a dit Bernardin de Saint-Pierre, qui enlace la terre de ses rameaux et de ses bienfaits, se prodigue dans les bois et s'améliore par la culture dans nos jardins. A peine ose-t-on cueillir une de ses fleurs ! c'est un fruit qu'on dérobe à l'avenir. Oh ! quel respect doit inspirer l'enfance ! quelle spoliation que celle d'un germe vertueux dans une âme à peine épanouie.

FENOUIL, *agréable*. Cette plante de jardin, aussi haute qu'un arbre, n'est pourtant pas un arbrisseau. Le funouil répand une odeur très-forte et qui semble appartenir à toutes ses parties. Ses tiges creuses, rondes, branchues, sont d'un vert bleu, lisses et frappées d'une vapeur blanche qui cède à une légère pression. Elles paraissent composées d'un grand nombre de tuyaux collés et rejoints l'un à l'autre. On ne peut rien voir de plus svelte, de plus dégagé. Chacune des branches qui s'élèvent soutient une ombelle jaune. Plus rapprochées vers l'extrémité de la tige, ces branches inégales et nombreuses semblent former un candélabre, et soutenirautant de lampes dorées autour de l'ombelle principale qui termine la tige et qu'elles surpassent en hauteur.

Cette haute plante, verte et pleine de vie, sera dans quelques jours une agrégation de poussière brune, et se brisera, s'anéantira elle-même. La graine se récolte avec soin; elle est émoliente et salutaire; elle réunit les parfums qui ont circulé dans les fibres destinées à la composer.

FRAMBOISIER, *douceur de langage.* Cet arbuste bienfaisant se charge toutes les années du fruit le plus rafraîchissant, et croît de la ligne au pôle. On savoure de souvenir cette pulpe délicate dont le parfum est enchanteur et le goût délicieux. Ce petit cône d'un beau rouge, qu'on dirait formé de grumeaux sphériques, dont chacun nourrit un pepin, est protégé par quelques poils implantés à sa surface. L'insecte imperceptible qui goûte avant nous de cette ambroisie, les prend sans doute pour une forêt.

On connaît aujourd'hui une nouvelle variété de framboisier dont le fruit est couleur de chair et beaucoup plus gros que les autres. Enfin on en cultive une autre pour sa fleur seulement, qui est d'un assez beau pourpre et de la grandeur d'une petite rose.

FUMETERRE, *fiel.* La fumeterre est une plante salutaire qui est bonne à tout, et que son amertume, comparable à celle du fiel, fait entrer dans la composition de plusieurs recettes médicinales.

FUSAIN, OU BONNET DE PRÊTRE, *votre image est gravée dans mon cœur.* Ce buisson touffu se mêle dans les haies. Sa verdure, ses petites fleurs, les embellissent au printemps; ses fruits couleur de rose les garnissent en automne; réunis aux prunelles, aux senelles rouges, aux mûres sauvages, ils sont l'asile de chantres ailés qui s'y plaisent. Ils y donnent les plus doux concerts; ils y établissent leurs nids; rien ne les dérange. Le bois du fusain en charbon, fournit un crayon noir fort tendre, et propre à de grandes esquisses.

Géranium.

GÉRANIUM ÉCARLATE, *bêtise*. On compte aujourd'hui plus de deux cents espèces de géranium. Leurs divisions se fondent sur la forme de leurs graines qui ressemblent à des becs de hérons, de grues, de cigognes, et comme la fleur, quoique brillante, ne donne aucune odeur, on a attaché à la plante une qualification peu avantageuse.

GÉRANIUM TRISTE, *mélancolie*. A cause de la sombre nuance de ses fleurs et parce qu'il ne répand que la nuit son odeur délicieuse qui rappelle celle du girofle.

GENTIANE, *dédain*. Il y a un grand nombre d'espèces et de variétés de cette plante dont la racine remplace avec succès le quinquina et qui, à raison de cette amertume ne peut servir de nourriture aux animaux; aussi la laissent-ils entière dans les paturages. Ses fleurs sont très-nombreuses, mais elles se dessèchent peu à peu, et dans cet état la plante rappelle bien l'idée des momies qui conservent la forme de la vie, et qui n'en sont que mieux l'image de la mort.

GERBE D'OR, *avarice*. La plupart des plantes qui composent ce joli genre de plantes sont originaires de l'Amérique septentrionale où le nom vulgaire de gerbe d'or fait place à celui de *solidago*. Les espèces aujourd'hui cultivées dans nos jardins à cause de l'abondance de leurs fleurs disposées en grappes allongées d'un beau jaune doré, sont nombreuses. La plus remarquable est le *solidago* du Canada. Elle s'échappe assez souvent des jardins et se naturalise dans le voisinage des habitations. Malheureusement ses belles fleurs ne sont pas de longue durée.

GIROFLÉE, VIOLIER OU RAVENELLE, *luxe*. Cette fleur est l'une des plus communes et des plus connues de toutes celles que l'on cultive. Ses plus belles variétés sont au nombre de trois : le bâton d'or, la giroflée brune et la giroflée pourpre. Elles viennent toutes les trois en pleine terre ; mais elles sont incomparablement plus belles quand on les cultive en caisse ou en vase. La giroflée d'été ou quarantaine a une végétation si rapide, qu'elle donne des fleurs au bout de quarante jours.

GRENADILLE BLEUE OU FLEUR DE LA PASSION, *foi*. Le second nom de cette fleur lui vient de ce qu'on a voulu y voir la représentation des instruments de la passion de Jésus-Christ. C'est une plante d'orangerie pour la France.

GROSEILLIER, *vous faites mes délices*. Le groseillier est originaire des Alpes. Annibal, peut-être, descendit de son éléphant pour se rafraîchir de ses fruits. Le bois qui porte la groseille a une couleur grise, une peau sèche en apparence qui n'annonce point la vie: Ses feuilles sont assez tardives; et c'est sous leur abri, c'est avec la succion dont elles les alimentent que se forment les grappes de fleurs. Rien de séduisant dans l'extérieur de ces fleurs qui nous donnent des fruits si agréables même à la vue : pâle, terne, sans élégance dans la forme, sans agréments dans son maigre tissu, la grappe et ses fleurs n'appellent point l'intérêt. Heureux pourtant celui qui les recueille entre ses murs : c'est une douce leçon que nous donne la nature.

GUIMAUVE, *douceur exquise*. Cette plante est aussi bienfaisante que douce et belle. Elle croît naturellement, et produit plusieurs tiges garnies de feuilles veloutées et de fleurs blanches tachetées de rouge. Toutes ses parties sont dans une harmonie parfaite : tiges, feuilles, calices fleurs, tout est cotonneux, toutes les teintes sont douces ; elles semblent se fondre, et quoique différentes, elles ne tranchent pas.

HORTENSIA, *beauté froide*. L'hortensia est une des plus belles conquêtes que l'on ait faites pour l'ornement des jardins. On en connaissait la figure depuis longtemps, car les Chinois la reproduisent souvent dans eurs tableaux; mais elle n'est devenue commune en France que vers le commencement du siècle actuel, et, triste effet de l'inconstance, son règne commence déjà à se passer. On sait que ses fleurs forment des boules d'abord vertes et plus tard du plus beau rose.

HÉLÉNIE, *pleurs*. Originaire des parties méridionales de l'Amérique, l'hélénie contribue à décorer nos parterres, dans l'arrière saison, par ses touffes de fleurs jaunes; elle fut, dit-on, produite des larmes d'Hélène.

HÉLIOTROPE, *amour sans fin*. L'héliotrope, dont nous aimons la couleur modeste et le parfum enchanteur, est originaire du Pérou. Il fut trouvé en 1740, par Joseph de Jullun, herborisant sur les montagnes avec M. de la Condamine. La faveur populaire eut bientôt naturalisé cette délicieuse plante parmi nous. Le triomphe d'une seule fleur prouva ainsi la toute-puissance de l'opinion : indépendante, quoique souvent usurpée, sa constance dépend toujours et de la liberté et de l'universalité des suffrages.

Cette jolie plante ne peut passer l'hiver en pleine terre; il lui faut au moins l'orangerie ou la température des appartements.

L'héliotrope sauvage de l'Europe n'a ni l'odeur ni les attraits de l'héliotrope péruvien, dont il est l'imparfaite image. Dans son aspect un peu triste, il semble avoir le sentiment de l'élévation de sa famille et de l'état d'abandon où lui seul est resté.

La mythologie nous apprend que Clytie pénétrée de douleur en voyant Apollon, qui l'aimait, lui préférer Leucorrhée, sa sœur, se laissa mourir de faim, et que le Dieu la changea en héliotrope.

HELLÉBORE NOIR, *bel esprit*. Remède violent, poison à proprement parler ; poison qui guérit la folie et qui n'offre rien à la raison. L'hellébore est triste comme ses propriétés, commun comme les prétendus sages, maussade comme leur conseil. Son odeur le trahit, son feuillage est d'un vert sombre et ses fleurs verdâtres, bordées d'un rouge brun et livide, ne paraissent qu'en hiver, lorsque la nature est dépouillée de tous ses ornements.

HÉMÉROCALE, *plaisir renaissant*. Les fleurs de l'hémérocale ne durent qu'un jour, mais elles se renouvellent pendant plusieurs mois. L'espèce la plus connue est celle du Japon. L'hémérocale jaune désignée sous le nom de *lis asphodèle*, croît naturellement dans les bois humides du Piémont; celle de la Chine se fait remarquer par ses fleurs d'un beau bleu.

HOUBLON, *apathie*. Le houblon est une grande plante qui rampe au loin quand rien ne la soutient, mais qui se relève, s'attache et s'entrelace dès qu'elle trouve le moindre appui. Les houblonnières sont les vignes de la Flandre ; le raisin ne s'y voit qu'en treilles, et l'on réserve pour le fruit qui entre dans la composition de la bière les terrains les plus meubles, les plus frais et les mieux abrités contre les vents. Le houblon qui croît naturellement, n'est point employé dans les brasseries.

Les naturalistes ont remarqué, sans l'expliquer ni le comprendre, une espèce de bruit électrique semblable à celui d'un tonnerre éloigné, quand le vent agite les échalas des houblonnières.

HYÈBLE, *humilité*. Cette plante touffue pullule dans les fossés et laisse voir, entre ses grandes feuilles d'un vert foncé, un bouquet arrondi de fleurs toutes blanches dont l'odeur est aussi agréable que celle de ses feuilles l'est peu.

Iris.

IRIS DES PRAIRIES, *bonne nouvelle*. C'est une plante qui croît au bord des petits ruisseaux dans les prés émaillés, ruisseaux qu'on entretient soigneusement, afin de changer la verdure et les fleurs en un plus grand nombre de bottes de foin. Ses feuilles, semblables à des lames de couteau, unies, lisses, d'un vert foncé, entre les saules, les roseaux et l'écume légère des nayades, font un effet très-agréable et presque mystérieux. On peut distinguer l'entrée de la petite grotte où la nymphe enferme son urne, et l'on croit même découvrir sa couronne entre tant de fleurs qui brillent parmi les joncs. Plusieurs fleurs naissent fort souvent de la même branche; leur couleur est d'un jaune jonquille, vif et doux.

Les iris cultivées sont si communes dans les jardins, qu'on en compte aujourd'hui plus de quatre-vingts espèces, parmi lesquelles la grande iris d'Allemagne qui rivalise avec les couleurs éclatantes de la messagère des dieux dont cette plante a reçu le nom.

IMMORTELLE, *constance.* Cette plante vient des Indes. Elle a paré le berceau des premiers hommes et paraît antique et durable comme le monde. Dépourvue de fraîcheur, sans aucun parfum, mais inaltérable dans sa forme et dans ses couleurs, elle se conserve sans jeunesse. Elle perd tous ses sucs, toute son humidité; et elle vit toujours. L'amitié revendique cette fleur; cette déesse de tous les âges, étend ses droits sur toute les créations de la nature. Enfin quand les objets d'une tendre affection ne sont plus, l'immortelle sert à tresser des couronnes funéraires pour orner leur tombeau.

IPOMÉA, *caresses.* Dans nos jardins les tiges de l'ipoméa garnissent agréablement les treillages et les berceaux; ses jolies fleurs qui naissent en juillet, août et septembre, sont écarlates.

IVRAIE, *vice.* Cette mauvaise plante, la désolation des cultivateurs, croît dans les champs cultivés, et se plaît au milieu du froment qu'elle gâte de toutes les manières. Ce gramen ressemble au chiendent commun ; on le cultive comme fourrage et pour former des tapis de gazon.

IXIA, *tourments.* L'ixia est une plante bulbeuse dont la forme des fleurs rappelle la roue d'Ixion. Il y en a d'odorantes qui se ferment le soir; d'autres qui répandent leur parfum pendant la nuit et se ferment le matin.

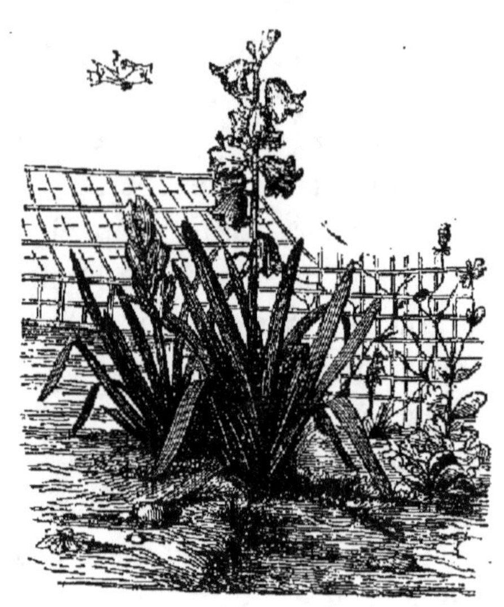

Jacinthe.

JACINTHE, *aménité*. Les botanistes reconnaissent au moins quinze
espèces de Jacinthes ; quant à leurs
variétés, le nombre en va toujours
croissant , attendu que la plupart
n'existent que dans l'imagination
de ces amants de Flore , et qu'une
tache ou une nuance leur suffit
pour établir une nouvelle variété.
La jacinthe double, autrefois dédaignée, sans qu'on
sache trop pourquoi, est aujourd'hui la plus recherchée

et la plus estimée. En effet elle a tous les caractères d'un ouvrage d'art : épaisse et pesante, on la dirait quelquefois sculptée en marbre. On la range en plates-bandes, en représentation avec ses compagnes, comme les dames bien parées dont l'ensemble fait le grand mérite. On donne des parasols à ces imposantes beautés ; on dresse une tente au-dessus d'elles pour les préserver du soleil ; mais trop souvent on les cueille par caprice. En toutes saisons on peut en avoir dans les appartements parce qu'elles végètent aussi bien dans l'eau que dans la terre. Pour sauver l'oignon qui a fleuri ainsi, il suffit de le faire sécher au soleil pendant une demi-journée, et de le placer ensuite dans la terre ou dans du sable jusqu'à ce que ses feuilles soient sèches. Puis on le mêle avec les autres.

La jacinthe des champs n'a ni la fraîcheur ni la grâce de celle qui, dans les jardins des villes, a tout sacrifié à la gloire de briller. Mais chez les hommes comme chez les fleurs, il n'est qu'une même origine. La Genèse nous donne un père commun ; en vain l'orgueil voudrait compter des espèces ; une bergère paraît, et la beauté ramène à la nature. — Les poëtes ont consacré l'aimable jacinthe à la mémoire du jeune ami d'Apollon que la jalousie de Zéphir fit mourir.

JASMIN, *amabilité.* Cet aimable enfant de l'Inde a daigné choisir l'Espagne pour sa nouvelle patrie. Nos provinces méridionales possèdent une sorte de jasmin, dont les feuilles étroites et les petites fleurs jaunes font de charmants bosquets. Mais le jasmin d'Espagne, propre-

3.

ment dit, a de très-larges feuilles d'ivoire, dont un côté est teint de pourpre. Le jasmin ordinaire est tout blanc; on parvient quelque fois à l'élever en arbuste, à en arrondir la jolie tête naturellement sarmenteuse; mais il cherche volontiers un appui, et couvre de ses bouquets l'officieux treillage qui le soutient.

Quelle douce odeur est celle du jasmin! partout où le climat appelle au repos absolu les habitants désintéressés et paisibles, la nature libérale prodigue les parfums, et l'air devient un nuage d'ambroisie.

JOLIBOIS ou AURÉOLE FEMELLE, *gentillesse.* Ce petit arbuste, dont l'écorce semble porter les livrées de l'hiver, a la couleur du bois sec; ses branches, irrégulièrement placées, ne lui donnent pas infiniment de grâces, mais chacune d'elles en est remplie. Ces branches ressemblent à de petits thyrses entourés d'une guirlande montante de fleurs couleur pourpre, groupées par bouquet. Au sommet une petite touffe de feuilles affecte, en quelque sorte, la ressemblance de la pomme de pin. Un parfum indéfinissable et charmant s'exhale des fleurs de l'auréole, qui, en médecine, peut remplacer le sainbois.

JONC, *docilité.* Le jonc comprend plusieurs espèces; il en est dont la tige est garnie de quelques feuilles, d'autres n'ont que des feuilles radicales. Plusieurs ont leurs bouquets au sommet de leurs tiges, et en d'autres espèces, le bouquet perce latéralement la tige, soit à moitié, soit aux deux tiers de sa hauteur. Dans ce dernier cas, la pointe de la tige peut encore se trouver ou droite ou recourbée; enfin le jonc est susceptible de variétés sans nombre. On sait l'emploi que les jardiniers font du jonc, mais son excès dans les prairies le déprécie beaucoup et nécessite qu'on s'en débarrasse par le moyen des cendres et de la chaux qui le font périr.

JONQUILLE, *langueur d'amour*. La Jonquille est une variété de narcisse qui porte des fleurs d'une très-belle nuance jaune, et des feuilles si étroites et si longues, qu'en les comparant à celles du jonc, le nom de jonquille a été donné à ce narcisse. Cette jolie plante croît naturellement dans le midi; son parfum exquis embaume délicieusement les jardins, mais, renfermée dans un appartement, cette odeur peut devenir excessive.

JOUBARBE, *bienfaisance discrète*. La joubarbe est une production charmante, que la nature prodigue sur les vieux murs et sur les toits et qui couronne les pierres usées, dont les supports sont guirlandés de capillaires. Elle a pour feuilles de petites excroissances charnues, rougeâtres en dessus et vertes par dessous; en haut de la tige se forme, sur plusieurs rameaux qui s'en détachent, un joli bouquet de petites fleurs blanches qui donne à la plante, sur son lit de mousse, un aspect charmant.

JUJUBIER, *soulagement*. Cet arbrisseau, originaire de Syrie, fut apporté en Europe au temps de Pline et s'est répandu dans le midi où il réussit partout; il y en a même quelques-uns aux environs de Bordeaux. Ses fleurs sont d'un jaune pâle et ses fruits, de la grosseur d'une olive, passent du brun clair au rouge de brique avec la maturité qui arrive dans le courant de l'été.

Kedsoura.

KEDSOURA, *frugalité*. C'est un arbrisseau de Java et du Japon qui croît aussi en Asie entre les Tropiques et dans les régions chaudes de l'Amérique septentrionale. Sa tige est sarmenteuse, à suc aqueux, à fleurs alternes simples, denticulées, épaisses, souvent parsemées de points glanduleux. Ses fruits se mangent quoiqu'ils aient peu de saveur.

KETMIE, *vous êtes jolie*. Les ketmies sont des plantes ou des arbrisseaux qui appartiennent, par la forme et la configuration de leurs feuilles, à la famille des mauves ; on les cultive dans les jardins à raison de leurs belles et nombreuses fleurs qui se succèdent pendant plus de trois mois.

Liseron.

LIS, *majesté, pureté*. La fleur du lis blanc était trop belle et trop remarquable pour que les Grecs n'attachassent pas à son origine quelques-unes de leurs idées gracieuses; tantôt c'était l'image d'une jeune fille qui s'était comparée à Vénus; tantôt quelques gouttes de lait échappées du sein de Junon. Le lis rouge n'a point la sublime majesté du blanc ; il n'offre point dans son port cette dignité modeste qui en fit long-temps en France l'emblème du pouvoir royal, mais il a son genre d'éclat, surtout quand le soleil le frappe dans les cercles de fleurs. C'est alors qu'il étale ses beaux calices colorés qui bientôt se referment, se séchent et s'évanouissent. Le parfum du lis, en plein air, est des plus agréables; mais il devient trop fort quand on le respire dans des appartements fermés.

LAURÉOLE MALE ou GAROU, *dissimulation*. Les habitants de la campagne donnent le nom de lauréole mâle au sainbois qui est le véritable garou, tandis que le joli-bois est surnommé lauréole femelle. Cet arbrisseau est une espèce de laurier, mais qui ne couronnera jamais que les héros de la faculté. Ce ne fut pas en lauréole qu'Apollon métamorphosa Daphné.

LAVANDE, *silence*. Cette plante est commune et on l'en estime moins; elle ne sert que de bordure autour de la moindre plate-bande, mais on en tire une eau qui a, dit-on, la vertu de rendre l'usage de la parole à ceux qui l'ont perdue par l'effet de certaines maladies. Est-ce un mal ou un bien?

LIERRE, *amitié éprouvée*. Le lierre nous présente ses fleurs au moment où les pampres des vignes découvrent leurs grappes d'émail, et forme la couronne des enfants de Bacchus. Il a prêté de toute antiquité ses vertes guirlandes à leurs thyrses, que surmontait la pomme de pin. La Thrace, premier séjour des célèbres bacchantes, est couverte de lierre et de sapins.

Cette plante passe généralement pour un parasite envieux, qui se nourrit de la substance du bienfaiteur qu'il enlace; il le serre de tous côtés, et ne fleurit souvent qu'au-dessus de sa tête. Mais l'auteur des *Études de la Nature* ne veut voir dans le lierre que le modèle des amis. Rien ne peut le séparer de l'arbre qu'il embrasse une fois ; il le pare de son feuillage dans la saison cruelle où ses branches noircies ne soutiennent plus que des frimats. Compagnon de ses distinées, il tombe quand on le renverse ; la mort même ne l'en détache pas, et il décore de sa constante verdure le tronc tout desséché de l'appui qu'il adopta. Honneur donc au lierre flexible, qui ne repousse la calomnie que par la durée de ses bienfaits. Mais, en réalité, il faut bien en convenir, le lierre n'a d'autre utilité que de décorer les ruines d'une manière toute particulière, et de leur prêter un charme que l'on comprend, mais qu'on ne saurait exprimer.

LILAS, *première émotion d'amour.* Le lilas est persan d'origine, mais l'habitude l'a tout à fait acclimaté. C'est à l'espèce la moins colorée, la plus délicate, à celle dont les feuilles sont les plus étroites qu'on a conservé le nom de lilas de Perse.

Rien de plus frais que le lilas ; ses gerbes printannières qui s'élèvent à l'extrémité de rameaux flexibles, et se balancent avec tant de grâce sur une forêt de verdure, donnent aux arbustes qui le portent une décoration digne du temple de Flore.

LISERON DES CHAMPS, *faiblesse.* Le petit liseron tapisse les terrains, bien différent du grand liseron des haies, que nous avons décrit (voir *belle de jour*) et qui se serre et s'entrelace dans les épines, dans les orties même, pour relever sa tête d'ivoire. Orgueilleux de se hisser ainsi, le liseron des haies pare, comme un courtisan, le protecteur qui le souffre, et tombe avec lui quand on l'abat. Le liseron de petite espèce voudrait bien aussi se relever; il se roulerait autour d'un brin d'herbe, s'il avait la force de le soutenir. Le petit paresseux s'endort tous les soirs avec le soleil et ne se réveille qu'avec lui.

LYCHNIS DES CHAMPS, *penchant invincible*. Il est des plantes contemporaines; quoique d'espèces différentes, on les voit naître au même instant, dans les mêmes lieux. Heureuse sympathie, qu'on peut bien croire une loi de la nature, quand on la retrouve parmi les fleurs! Les fleurs, êtres charmants à qui le mensonge est toujours étranger!

Le lychnis et le behem blanc sont un emblème de cette intéressante amitié.

Sa tige est un peu ligneuse, droite, ferme, rougeâtre, et carrément arrondie. Un duvet cotonneux la recouvre. Elle forme des nœuds, et à ces nœuds naissent des feuilles. Le lychnis donne à nos jardins une fleur doublée, ou blanche, ou d'un beau rouge, et qu'on appelle les compagnons, parce que les particules sont toujours de deux en deux en partant des nœuds de la tige.

Mauve.

MUGUET, *retour du bonheur*. Aux premiers jours de mai, une odeur douce et suave qui s'exhale des petites grappes blanches attachées du même côté à un léger pédoncule, font reconnaître, dans l'enfoncement des bois, le lis des vallées, l'emblême du printemps, le muguet. Ses grandes feuilles, semblables à de beaux rubans de taffetas d'un vert doux, sortent directement de terre comme celles des tulipes, et de leur centre il s'élève plusieurs hampes, terminées chacune par six à dix fleurs en forme de clochettes ou de petits grelots. On imite artificiellement cette fleur charmante avec moins de succès que les autres parce qu'elle est plus simple, et qu'elle cache dans sa corolle l'irrésistible attrait de son odeur balsamique.

PETITE MARGUERITE OU PAQUERETTE, *innocence*. La petite marguerite, une des premières filles du printemps, semble demeurer dans une perpétuelle enfance. Amusement de l'âge heureux dont elles sont l'emblême, ne présentant aucun danger à la petite main sans expérience qui les cueille sans adresse, les paquerettes croissent partout sur les pelouses, au milieu des gazons et dans les terrains incultes; aucun animal ne les mange. Elles ferment, pour dormir, les rideaux blancs de leur corolle; elles ne s'ouvrent qu'à une douce chaleur; il leur faut de la confiance pour se déployer entièrement. Leurs feuilles sont vertes, légèrement velues et posées à plat sur le sol, qu'elles couvrent quelquefois en entier; elles s'opposent ainsi au développement des autres plantes.

La paquerette cultivée est double dans nos jardins; son centre jaune formé de demi-fleurons, disparaît, et ses pétales plats deviennent des tubes délicats. La petite fleur du village se change à la ville en un joli pompon tout rose, tout blanc, ou panaché, et par suite des soins du jardinier et des bons effets de la culture, on en a obtenu une variété double, dont les rayons extérieurs portent d'autres fleurs plus petites et pédonculées. Telle est la jolie fleur à la description de laquelle Bernardin de Saint-Pierre ajoute le tableau d'un jeu connu et auquel il

est peu de personnes qui n'aient pris part en cherchant
à connaître le degré d'affection de l'amant ou de l'amie.

> « Souvent la pastourelle,
> » Loin de son jeune amant,
> » Se dit : M'est-il fidèle?
> » Reviendra-t-il constant?.....
> » Tremblante elle te cueille ;
> » Sous son doigt incertain,
> » L'oracle qui s'effeuille
> » Révèle son destin. »

MARJOLAINE ou ORIGAN, *consolation*. La marjolaine et
son doux parfum doivent orner toutes les guirlandes
tressées dans les fêtes villageoises. Cette plante fait sor-
tir du milieu des buissons sa tête ronde, brune et rose.
Les noires épines de la haie la plus rustique sont chargées de lianes de brioyne blanche, dont les fleurs, sépa-
rément mâles ou femelles, s'attachent au moyen de
vrilles serrées. La marjolaine croît à travers de leurs
tiges. Notre parcimonieuse générosité donne au pauvre
l'étroit nécessaire ; la nature prodigue, charge son toit
sa porte, sa muraille, sa haie enfin, des mêmes ornements qu'on entrelace pour un triomphe.

MAUVE, *amour maternel*. La mauve simple est une
plante très-bienfaisante et fort commune, qui croît même
dans les terrains les plus arides. Elle s'élève assez
haut, ses tiges sont d'un vert clair et chargées d'un duvet
léger. Les fleurs, couleur lilas rayé de pourpre, naissent aux aisselles des feuilles. On la confond souvent
avec la guimauve dont la racine seule est employée.

MÉNTHE, *vertu*. Cette plante croît au bord des eaux ; quelques personnes voient en elle la garantie de leur salubrité. Bernardin de Saint-Pierre nous assure que la bienfaisante nature place les baumes dans les endroits humides pour en purifier les exhalaisons. Livrons-nous à la foi de celui qui nous présente la nature comme notre mère.

On connaît un grand nombre d'espèces et de variétés de menthe, dont la plupart ont une odeur forte et aromatique. Parmi les espèces qui croissent en France, les plus communes sont : 1° *La menthe à feuilles rondes ;* 2° *la menthe sauvage ;* 3° *la menthe verte ;* 4° *la menthe poivrée*. Viennent ensuite une foule d'autres espèces et de variétés moins connues, mais qui conservent toujours une partie du parfum particulier qui caractérise ce groupe de plantes dont les anciens faisaient grand usage en médecine.

MILLE FEUILLES, *guérison*. Plusieurs plantes portent ce nom dans le langage populaire ; mais on l'applique plus particulièrement à l'achillée, ou herbe aux charpentiers. Elle croît sur les bords des chemins et se reconnaît à ses feuilles d'un vert foncé, découpées en tous sens et formant plutôt une sorte de chenille qu'une feuille proprement dite. Du milieu de celles qui avoisinent la terre, s'élève une tige qui se termine par un bouquet de fleurs blanchâtres ou rosées.

MYOSOTIS, *souvenez-vous de moi, ne m'oubliez pas*. Tels sont les noms de cette jolie plante qui habite les bois et les lieux aquatiques. Sa fleur est pour l'ordinaire d'un bleu clair très-vif avec le centre jaune. Son élégance mérite qu'on l'examine de près : aussi l'a-t-on surnommée *souvenez-vous de moi*, comme pour avertir qu'elle est jolie, qu'il ne faut pas l'oublier ni la fouler aux pieds. Les allemands la désignent sous les mots : *vergies mein nitcht* (ne m'oubliez pas). D'après une tradition touchante, deux amants s'étaient arrêtés sur le bord d'un torrent; une fleur de myosotis leur apparut entraînée par les eaux, et la jeune fille témoigna le désir de l'avoir. Aussitôt son amant se précipita pour l'atteindre; mais, victime de son dévouement, il lutta inutilement contre la force du courant, et avant de disparaître pour jamais, il put encore montrer la fleur et prononcer ces paroles : Ne m'oubliez pas.

MYRTE, *amour*. Le myrte, ici faible arbrisseau, fait un arbre dans le midi. L'antiquité le consacra aux bosquets de Gnide et de Cythère. Son parfum mystérieux, ses fleurs modestes et charmantes, les guirlandes de ses rameaux, tout lui méritait cet honneur. Le myrte ne fleurit pas tous les ans dans nos climats; mais tout dans ce charmant arbuste est si gracieux, que ses jolies branches de feuillages font seules de charmants bouquets. Ses fleurs ont la forme de petites roses blanches ; elles sont solitaires et placées dans les aisselles des feuilles. Le myrte sauvage a des feuilles beaucoup plus grandes que celui que l'on cultive en caisse et dans les orangeries. Ses tiges droites sont recherchées des fumeurs pour en faire des tuyaux de pipes.

Narcisse.

NARCISSE, *égoïsme, fatuité, amour-propre*. Il existait une fontaine, dont l'onde argentine et toute pure n'avait été troublée par le souffle d'aucun berger, par l'approche d'aucun troupeau. Nul oiseau, nulle bête fauve n'y avait étanché sa soif, et les feuilles même qu'enlève le zéphir n'étaient point tombées dans ses flots. Un gazon régnait tout autour; la fraîcheur de cette eau limpide entretenait sa belle verdure, et le bocage interceptait pour lui les rayons brûlants du soleil. Fatigué de la chasse, dévoré d'une soif ardente, Narcisse, le beau Narcisse, pénètre en cet asile; mais à la soif qu'il apaise, succède un plus cruel embrasement. Il s'enflamme de son image, il adore une ombre vaine : frappé de ses propres attraits, il demeure immobile comme un marbre. Bientôt la triste Écho redit ses tristes plaintes; bientôt elle répète ses languissants adieux. Consumé de douleur dans ce lieu si fatal, rien ne peut plus en arracher Narcisse. Sa tête charmante tombe sur le gazon ; la mort ferme ses yeux, dont les derniers regards essayent de se chercher ; l'infortuné descend aux bords du Styx, et s'y contemple encore. Les naïades, ses sœurs, coupent sur son tombeau leur ondoyante et longue chevelure ; Echo redit mille fois leurs plaintes et leurs gémissements; le bûcher funèbre est tout prêt, mais le corps n'est plus nulle part. Une tendre fleur est à sa place, et la coupe dorée qui distingue cette fleur, se couronne de rayons aussi blancs que l'albâtre.

Telle est la touchante aventure à laquelle nous devons une si jolie fleur. Le narcisse croît dans les prairies et se mire encore au bord des eaux. Dans les cantons où son origine n'est pas connue, on nomme cette fleur la jeannette; mais ce nom vulgaire suppose toujours l'offrande du sentiment à la beauté.

NENUPHAR BLANC ET JAUNE, *froideur.* Ce lis des eaux est appuyé sur le sol au fond des étangs par une racine vigoureuse ; ses feuilles arrondies s'étalent à la surface et ses fleurs viennent s'y épanouir. Le bel ordre établi dans cet humide palais fait naître l'idée du plus parfait silence ; aucun dérangement apparent n'y causerait l'illusion de quelque entretien animé, si l'on ne s'apercevait que plus d'une étamine se penche vers l'un des stigmates et lui offre un muet embrassement: sans doute que les nymphes des eaux ont entre elles un doux langage. Il faut adorer le sentiment qui, répandu et inaperçu comme le feu, est la vie de toute la nature.

Le nénuphar est justement ce lotus si commun au bord du Nil, et que les Egyptiens consacrèrent au soleil parce qu'ils le voyaient tous les soirs se plonger dans les eaux, et qu'il ne relevait sa fleur qu'au retour de l'astre du jour, comme s'il eût eu quelque rapport divin avec sa céleste lumière. La plante qui croît dans nos ruisseaux paisibles sourit comme le lotus égyptien aux premiers regards de l'aurore, et rentre sous les eaux quand la nuit reprend son empire; son odeur est sensible et douce; celle du nénuphar jaune est pénétrante et peut-être enivrante. Toutes les prétendues propriétés rafraîchissantes et tempérantes de sa racine sont maintenant dans un discrédit complet.

NICOTIANE, *obstacle vaincu*. C'est le genre de plantes de la famille des solanées qui renferme le tabac. O plante maudite! que n'es-tu donc encore sauvage et délaissée dans les bois de Tabago du Mexique, d'où les Espagnols t'ont apportée. Par quelle fatalité une herbe puante, âcre et repoussante est-elle devenue tout à coup essentielle, indispensable à l'univers? Et comment, au lieu de s'opposer à cette invasion dégoûtante, une grande dame, Marie de Médicis, put-elle se charger de la propager? Tout conspira pour faire la fortune du tabac, car au lieu de tourner en ridicule ses insensés partisans, on les persécuta et il n'en fallut pas d'avantage pour lui donner de l'importance. Puis quand ils eurent triomphé, quand la contagion se fut étendue dans toute l'Europe, les rois exploitèrent ce goût dépravé et se firent eux-mêmes marchands de tabac. On sait quel énorme impôt ils lèvent aujourd'hui sur cette denrée. Le mal est fait, la faute est irréparable, deux cents ans l'ont sanctionnée !

NIGELLE BARBE DE CAPUCIN, — CHEVEUX DE VÉNUS, *liens d'amour*. On trouve quelquefois la nigelle dans les champs ; elle y est délicate et pâle ; on la rencontre bien plus souvent dans les parterres où elle fait un effet charmant. Sa fleur, d'un bleu tendre, simple ou double, est entourée d'une collerette de feuilles ou de filets verts qui la dépasse de plus d'un pouce. Avant de s'épanouir elle penche languissament sa tête ; on la dirait flétrie. La plupart des fleurs mal garanties des injures de l'atmosphère ont reçu pour compensation la faculté de se renverser jusqu'au développement de leurs fragiles organes. Rien ne fut oublié au moment décisif où Dieu lança l'univers dans l'espace.

NIELLE DES BLÉS, *complaisance*. Cette plante est portée sur une tige droite. Sa fleur, d'un rouge violet, et qui se penche pour faciliter les mystères qu'elle recèle, est droite quand ils sont achevés. Sa tige est d'un vert blanchâtre et comme recouverte d'un roseau cotonneux, âpre au toucher. Elle a des nœuds de distance en distance, à peu près comme l'œillet.

La couleur est rarement un caractère dans les plantes, et l'on dit que la nielle a une variété toute blanche.

Ophrise.

OEILLET, *amour vif et pur*. Véritable œillet, œillet turc, fleur de l'été, l'œillet représente par sa durée, sa force, sa variété, sa vivacité, son éclat, toute la vigueur de la jeunesse après qu'elle a perdu les roses fragiles de l'adolescence. Il donne un parfum suave et doux; il est au nombre des cinq fleurs que le grave de Thou honora de vers latins. Le fleuriste en fait sa gloire, et les nuances d'un bel œillet peuvent tenir lieu de l'univers à l'amateur qui croit bien fermement que tout l'univers s'en occupe. Bénis soient les goûts simples et le bonheur innocent que la Providence y attache.

> « Aimable œillet, c'est ton haleine
> » Qui charme et pénètre mes sens ;
> » C'est toi qui verses dans la plaine
> » Ces parfums doux et ravissants.
> » Les esprits embaumés qu'exhale
> » La rose fraîche et matinale
> » Pour moi sont moins délicieux ;
> » Et ton odeur suave et pure
> » Est un encens que la nature
> » Elève en tribut vers les cieux. »

ONAGRE, *fierté*. C'est la fleur du grand Seigneur, sa sultane favorite parfumée de fleur d'oranger. Elle est modeste et fière comme l'élève d'un sérail, et cependant on ne rougit pas dans nos campagnes de la nommer *l'herbe aux ânes*. — C'est vers le soir, c'est quand de profanes regards ne sont plus à redouter, qu'elle déplace ses voiles colorés et se découvre tout entière. Une soirée, une belle nuit sont presque le terme de sa beauté, et par conséquent de son existence. Une fleur n'en a point d'autre. Au matin elle relève ses draperies déjà moins fraîches, et à peine lui reste-il l'espoir de s'épanouir encore une soirée. Son odeur est douce et agréable et sa nuance est celle du jaune citron.

OPHRISE-MOUCHE, *indiscrétion*. L'ophrise compte un grand nombre de variétés ; une des plus jolies est sans contredit, l'ophrise-mouche qui a la plus grande ressemblance avec le frelon. On les trouve dans les pâturages secs où elles fleurissent en avril, mai ou septembre, selon les variétés.

ORANGER, *virginité, générosité.* Cet arbuste charmant est l'emblême du temps, qui l'embellit et ne le vieillit pas; tous les ans il se couvre à la fois de fleurs et de fruits, et demeure toujours vert; mais en quittant la Chine, sa patrie, pour s'établir dans nos climats qu'il pare et décore si bien, l'oranger nous demande un tribut de soins assidus. Il faut lui bâtir un palais, entretenir les caisses où il repose, l'abreuver, le préserver, le guérir par des remèdes particuliers.

Il enrichit à son tour la main qui le cultive : ses feuilles, ses fleurs et ses fruits se vendent au poids de l'or. La blancheur de ses beaux boutons, la suavité de ses parfums, font du bouquet de fleurs d'oranger, l'emblême virginal de la jeune fiancée qu'on mène à l'autel. Digne hommage à ce fils de l'Orient qui s'est multiplié chez nous, comme tous les bienfaits de ce berceau du monde.

ORCHIS-SINGE, *dissimulation.* Il faut toute la prétention d'un botaniste pour trouver dans sa fleur, et dans la description qu'on en donne, le moindre rapport avec l'épithète qu'on lui applique. L'ensemble des parties de la fructification qu'elle renferme, ce que sa partie supérieure abrite et recouvre, ressemble à une coquille faite en cœur, au-dessus de laquelle un petit réservoir serait formé, et qui servirait de jatte à une petite fontaine. Toute cette fleur des prés présente un aspect assez riche, et d'ailleurs n'étant pas commune, elle a pour l'œil un mérite de plus.

Pavot.

PAVOT, *sommeil.* La fleur du pavot, n'eût-elle pas le don magique des plus doux songes, que sa seule beauté mériterait notre attention !

De belles tiges rondes, chargées d'une blanche vapeur, portent des feuilles alternatives, rapprochées, qui les embrassent, et dont l'étendue et les belles formes, vers la base surtout, font oublier celles de l'acanthe; une côte, très-saillante à la partie inférieure sert de soutien à ce bel objet d'ornement, qui s'étale autour des tiges, dans une direction horizontale; chaque feuille, presque unie, massive et fortement ondulée, se découpe en longs festons dont un ciseau gracieux a façonné les bords. Tout

4.

est luxe dans ce bel ensemble, et rien n'y fait surcharge. La fleur paraît à l'extrémité de chaque branche ; pendant tout le temps qu'un calice ovale et allongé la renferme, elle se tient absolument penchée et dirigée vers la terre. A peine la fleur est-elle ouverte, que le calice tombe et disparaît. La belle fleur est ouverte et jusqu'à l'entière fécondation, elle se penche en tous sens sur sa tige. A peine le travail est-il terminé, que les étamines flétries se dessèchent au sein de la corolle ; elle-même se détache et tombe sans être néanmoins encore fanée, et la tête gigantesque qui en absorbe la substance, se relève droite et mûrit.

C'est des incisions faites aux têtes des pavots avant leur entière maturité que s'écoule cet opium, si nécessaire aux orientaux, pour qui le bonheur ne se varie qu'en songe, et dont l'imagination ne peut s'exalter que dans le sommeil. La morphine et la narcotine sont de nouveaux principes qu'on retire aujourd'hui de l'opium. Nous cultivons aussi le pavot, mais c'est au nom seulement d'Esculape et de l'humanité. Nous n'en demandons à Morphée que quelques fleurs.

PENSÉE, *souvenir, je pense à vous*. Les pensées ne sont que des variétés d'une espèce de violette. La couleur veloutée de leurs pétales supérieurs et le jaune citron des trois autres, rendent cette fleur fort distinguée, quoique très-abondante dans tous les jardins ; son odeur est faible et dans les terrains médiocres, sa couleur se change en un bleu clair, et puis, en une couleur tout à fait jaune.

PERVENCHE, *amitié solide*. Cette fleur courbe sa tête

avec une grâce modeste; elle est de couleur lilas, tirant sur le bleu céleste. Que de merveilles dans cette jolie fleur qui n'offre presque au premier regard qu'un petit entonnoir d'azur! L'attention de l'amitié fait, pour la joie du cœur, ce que l'observation de la nature fait pour celle de l'esprit. Elle découvre les qualités de l'objet chéri; elle les voit, et le passant se contente de sourire à leur ensemble, sans le détailler.

PIED D'ALOUETTE, *lisez dans mon cœur*. Le pied d'alouette est une des plus jolies fleurs que recèlent les forêts d'épis. Sa tige, droite et lisse, est excessivement branchue. Ses branches délicates et éparses en tous sens sont chargées de bouquets susceptibles des couleurs les plus variées et les plus vives. Tel qu'un esprit aimable, il prend toutes les nuances, il se prête à toutes les formes; majestueux au jardin des Tuileries, élégant et jolie au bord d'un champ de blé.

PISSENLIT, *légéreté, étourderie*. La fleur du pissenlit est formée par la réunion d'un très-grand nombre de demi-fleurons qui composent une corolle radiée, supportée par un calice à deux rangs de petites folioles étroites et pointues qui se renversent. Les semences aigrettées de cette plante, sont implantées sur un réceptacle et forment, par leur arrangement symétrique, une sphère élégante et légère, que le moinde souffle détruit à l'instant; on n'admire pas assez cette agrégation charmante, parce qu'on la range parmi les hochets délaissés des premiers ans.

Quand la maturité des graines est parfaite, au moindre souffle du zéphir, elles quittent la souche-mère et vont au loin porter leur semence voyageuse. Messagères de la nature, elles font communiquer tous les points de la terre ; elles colonisent et fraternisent par tout.

POIS DE SENTEUR, *délicatesse*. Ses nuances d'un bleu vif, relevées d'un étendard, dont le brun satiné est inimitable ; ses variétés d'un rose tendre uni au rose foncé ; ses parfums de vanille surtout, en font une plante délicieuse. Languissante et cherchant un appui, comme celles qui n'en doivent jamais manquer, elle rattache et soutient sa tige aux objets qui l'environnent. Elle ne porte en elle et dans ses fleurs aucun caractère de faiblesse et de défaillance; mais elle semble plutôt sourire et se reposer comme avec complaisance, peut-être même avec bonté.

PRIMEVÈRE, *cordialité*. La primevère ou perce-neige croît effectivement sous les frimats qui fécondent la terre et y concentrent la chaleur ; naïve et confiante, elle laisse bientôt entrevoir ses douces couleurs. Aimable arc-en-ciel terrestre, elle annonce que la terre n'a point renoncé à produire. Ses fleurs, disposées en ombelles, sont agrégées comme de timides sœurs, et inclinent leur tête modeste, peu rassurée encore, contre les fureurs des vents glacés. Dans les champs, leur teinte est jaunâtre; dans les jardins, et presque sans culture, mais à l'abri de nos murailles, placées par notre prévoyance sur un sol mieux nourri, elles se parent de grâces nouvelles.

Quintefeuille.

QUINTEFEUILLE, *amour de la famille*. Dans les premiers jours du printemps on voit croître presque partout et
sous nos pas une merveille en miniature. C'est la petite
quintefeuille; cette petite herbe a plutôt l'air de se jouer
sur la terre que d'y ramper; sa tige délicate et tortueuse
s'y couche et relève toujours l'extrémité où paraît sa corolle dorée, qui reçoit les hommages du passant attentif.

QUEUE DE CHEVAL, RENONCULE AQUATIQUE, *fécondité*. Le
radeau de cette blanche naïade est une longue tige dans
une direction horizontale; elle suit le fil des rivières,
mais elle est pourtant attachée par un point. Elle est
ronde, lisse, satinée, creuse, et forme des nœuds à d'assez

longs intervalles. C'est de ces nœuds que partent de nouvelles branches, un grand nombre de ces tiges et de leurs rameaux flottants rapprochés entre deux eaux; mais c'est à leur surface que s'élèvent toutes les blanches fleurs, pour offrir leur nacelle aux petits amours qui ne plongent pas. A chaque nœud de ces longs corps de tige, sont attachées, alternativement, les fibres rameurs qui servent de feuilles, et dont la forme étendue, autant que la légèreté, doit faciliter l'équilibre et le balancement de la plante, que ses racines, comme des ancres, font adhérer fortement à la terre par un point. Ces plantes servent d'asile et de refuge, peut-être même de nourriture aux petits poissons, à leurs œufs, à ces immenses peuplades qui animent l'humide élément. Tout dans cette plante nautique rappelle le *ranunculus* terrestre. Il semble que le Créateur pour multiplier tous les effets, ait simplifié toutes les données.

Roses trémières.

ROSE, *amour, beauté.*

> « Qui pourrait refuser un hommage à la rose ?
> » La rose dont Vénus compose ses bosquets,
> » Le printemps, sa guirlande, et l'amour ses bouquets,
> » Qu'Anacréon chanta, qui formait avec grâce,
> » Dans les jours de festin, la couronne d'Horace ? »

L'estime et l'admiration que l'on a pour les roses se sont perpétuées de génération en génération ; en traversan tout l'espace qui nous sépare des peuples de l'antiquité, cette fleur n'a rien perdu de l'espèce de culte qu'ils lui rendaient, et si nous ne la colorons plus du sang de Vénus, d'Adonis et de Cupidon, nous la multiplions de toutes les manières, nous en obtenons des variétés sans nombre, et nous en sommes arrivés au point que plus de six cents roses se trouvent décrites, nommées ou figurées dans les ouvrages consacrés à ce magnifique et nombreux genre de fleurs.

Les plus belles roses, celles qui plaisent à tout le monde, qu'elles soient rares ou communes, sont :

1° LA ROSE MOUSSEUSE, *extase de volupté*. Le rosier mousseux de Provence a ses tiges, ses branches et ses calices armés ou enrichis de fines découpures vertes, semblables à de la mousse. Les fleurs, d'un rouge cramoisi et d'une odeur suave en font la plus élégante de toutes les roses.

2° LA ROSE BLANCHE, *candeur*. La rose blanche appartient surtout aux jeunes personnes ; sa nuance rose si délicate et presque furtive, semble exprimer le sourire qui craint presque d'être aperçu, ce regard qui ne se prolonge qu'à la dérobée et pourtant sans hypocrisie, cette rougeur légère enfin qui suit le mouvement des naïves pensées d'une âme pure. C'est la fleur qui accompagne la jeune vierge à l'autel et au tombeau.

3° LA ROSE DE PROVINS, ROSE GAULOISE OU DE FRANCE, *Amour de la patrie*. Belle, épineuse et d'un rouge vif, pourpré, ponceau, double, semi-double, moyenne, grande, très-grande, bordée, panachée, veloutée et toujours belle.

4° LA ROSE A CENT FEUILLES, *plaisir*. La rose des *peintres* et *la rose de Hollande*, n'en sont que des variétés ; toutes trois rivalisent de fraîcheur, de volume, de parfum et leur type se trouve à l'état sauvage dans les forêts du Caucase oriental.

5° LA ROSE DE TOUS LES MOIS, *éclat passager*. Fière de son parfum, elle est celle que l'on cultive pour en extraire l'eau parfumée et l'huile précieuse qu'elle recèle ; la gelée seule met un terme à ses bouquets, car elle fleurit pour ainsi dire en famille. Elle est semi-double et d'un rose tendre.

6° LA ROSE CAPUCINE, *caprice*. Toujours simple, quelquefois d'un jaune de citron et d'un jaune capucine sur le même buisson, sur le même pied, elle s'épanouit le matin et tombe avec le jour.

7° LA ROSE JAUNE, *amour conjugal*. Très-double, mais avortant souvent; quand elle s'épanouit sans accident, c'est une très-belle fleur, celle qui convient particulièrement aux femmes brunes, quoiqu'elle soit à peu près sans odeur.

8° LA ROSE DU BENGALE, *beauté étrangère*. Elle n'arriva en France que vers la fin du Xe siècle. Elle fleurit toute l'année et selon nos caprices elle réussit également en berceaux, en buissons, en espaliers, mais malheureusement elle n'a aucun parfum.

9° LA ROSE SANS ÉPINES, *ami sincère*. Cette espèce, qui fait mentir le proverbe, est originaire des Alpes, des Pyrénées, etc. Elle n'a que des fleurs simples d'un rouge clair assez jolies mais inodores.

10° LA ROSE MUSQUÉE, *affectation*. La rose musquée, originaire d'Orient, fleurit en septembre et jusqu'aux premières gelées. Ses nombreuses fleurs blanches, simples ou doubles, répandent une agréable odeur de musc. Les orientaux en tirent leur précieuse essence de rose qui est toujours congelée.

11° LA ROSE POMPON, *grâce enfantine*. Cette miniature de la rose a cent feuilles dont le petit arbuste ressemble à un bouquet, est un chef-d'œuvre ; il enchante, et le charme de ses proportions dérouterait toutes les idées de grandeur.

C'est en comparant la vie de l'homme à celle de la rose, que les philosophes de tous les temps nous invitent à jouir des plaisirs passagers de la vie.

> Les roses nouvelles,
> Pour paraître belles,
> N'ont dans leur printemps
> Que quelques instants :
> Pour plaire comme elles,
> L'amour n'a qu'un temps.

ROSE TRÉMIÈRE, *beauté noble*. Cette belle plante qui porte aussi les noms d'*alcée*, de *Rose de Damas* ou d'*Outremer*, de *Passe-rose*, est originaire de Syrie et nous est venue par les croisades. Ses feuilles larges et arrondies sont tudes au toucher et ses tiges hautes de huit à neuf pieds se garnissent en été de fleurs simples ou doubles trèsvariées de couleurs, car on en voit souvent dans le même jardin de blanches, de soufrées, de roses, de pourpres, de mordorées, de violettes et d'autres d'un brun rougeâtre si foncé qu'on les distingue ordinairement sous le nom de passe-rose noire.

REINE DES PRÉS OU SPIRÉE, *vous régnez dans mon cœur*. Le plus doux parfum s'exhale de son sein. Elle fait à elle seule les honneurs de la prairie où sa tige droite s'élève à près de trois pieds en prodiguant les rameaux autour d'elle. Le palais de cette reine est un empire tout entier.

RENONCULE, *vous brillez de mille attraits.* La renoncule de nos jardins est, comme tant de fleurs, originaire de la féconde Asie. C'est une fleur que les curieux ont distinguée : du milieu des feuilles profondément découpées et incisées, s'élèvent des tiges moelleuses d'un vert très-clair, terminées chacune par une fleur. La fleur simple a cinq pétales, jaunes ou rouges, au milieu desquels on remarque un très-gros bouton noir qui est composé d'étamines et de pistils. La culture et surtout les semis, ont donné naissance à une infinité de variétés simples, semi-doubles et doubles. Voici les traits caractéristiques d'une de ces fleurs dans le plus grand degré de beauté. Son feuillage doit être élégamment découpé ; la tige doit le dépasser de six pouces au moins, afin que la fleur s'en détache nettement ; la corolle doit être parfaitement ronde, double et ne renfermer aucune trace d'étamines ou de pistils ; elle doit avoir au moins vingt lignes de diamètre, les pétales régulièrement étagés et diminuant en approchant du centre où ils se pressent de plus en plus ; quant aux couleurs, il y en a d'unies et d'autres de nuancées d'une ou de plusieurs teintes. Les plus estimées sont : le noir, le brun, le rouge-feu, le pourpre, le violet, le nacarat et le gris de lin. Il faut donc pour les amateurs que la belle renoncule ait une teinte sombre et foncée ; ils rejettent ces mines enjouées, où le sourire anime toujours des joues couleur de rose et des yeux bleus. Ils veulent des penseurs, des teintes pâles, des visages sévères, et ce silence d'habitude dont le prix s'élève à mesure que le mérite décroît. Les trop

longues méditations sont bien souvent au profit de l'é-
goïsme.

RÉSÉDA, *vos qualités surpassent vos charmes.* Au pied de
ces belles plantes dont une taille majestueuse relève les
charmes et' élève les trésors, distinguons, à sa douce
odeur, l'aimable et modeste réséda. Baissons la main
pour cueillir ses faibles épis, sans crainte d'abuser
d'un présent qui semble se multiplier à mesure qu'on
ose en faire usage. Le réséda ne lasse jamais nos regards et il embaume nos jardins depuis le printemps jusqu'à l'automne. Image de ces personnes intéressantes,
qui n'eurent jamais l'éclat de la beauté, et qui attachent
pour toute la vie, parce qu'elles ont une fois réussi à at-
tacher sans son secours.

Le réséda des champs, vulgairement *Gaude* ou *Herbe à
jaunir,* n'a aucun parfum. On croit voir une famille où
l'un est poëte et l'autre teinturier.

RÉVEIL-MATIN OU EUPHORBE, *agitation.* Cette plante,
si peu variée dans ce qui fait la gloire de toutes, les
nuances de la fleur, ne manque pourtant ni d'agrément ni
de grâces. La régularité de l'ombelle, la délicatesse de sa
composition, les détails, les compartiments que sa verte
corbeille semble offrir aux yeux, enfin le moment où
elle paraît, tout concourt à lui prêter des charmes. Un
lait corrosif et que tous les enfants connaissent, sort
de sa tige quand on la rompt. On prétend que si l'on se
frotte les yeux après en avoir touché, on ressent des dé-
mangeaisons qui empêchent de dormir. De là serait venu
son nom.

ROMARIN, *votre présence me ranime.* Enfant de nos provinces méridionales, ce petit arbuste aromatique n'exige que quelques soins pour végéter dans nos climats. L'extrémité de ses rameaux est d'un vert pâle, et le court duvet blanchâtre qui les couvre est très-doux au toucher. Les fleurs, d'un gris bleuâtre ou d'un bleu cendré, sont disposées en petites grappes terminales. Toutes les parties de ces arbrisseaux répandent une odeur plus forte qu'agréable.

RONCE, *injustice, envie.* Quand on jette les yeux sur le buisson le plus sauvage, on est étonné de la quantité de lianes qui se croisent et s'entrelacent pour l'orner et de combien de bouquets étranges la nature pare ses épines.

La ronce est un des arbrisseaux dont les fleurs et les fruits concourent le plus longtemps à la richesse des haies. La longueur de ses pousses va quelquefois jusqu'à douze et quinze pieds : elles sont alors d'un assez beau rouge ; mais l'année suivante elles deviennent brunes, tout à fait ligneuses ; et c'est alors seulement qu'elles fleurissent et qu'elles donnent des fruits noirs appelés mûres. Les fleurs nombreuses de la ronce ont de la fraîcheur, souvent beaucoup d'éclat ; mais la solidité du rameau qui les porte, et qui, en s'inclinant vers la terre, finit par y toucher et par prendre racine, leur conserve un peu de sa raideur. En 1762, on ne connaissait que trente variétés de ronces et l'on en cite aujourd'hui cent onze.

ROSEAU AQUATIQUE, *plaisirs champêtres.* Le doux sifflement du zéphir entre les roseaux donna l'idée à Pan lui-même d'unir leurs tuyaux si légers pour composer la première flûte. La belle Syrinx était devenue roseau, en se jetant, pour le fuir, dans les bras des Naïades, et c'était elle qui soupirait encore. Les tiges du roseau sont articulées, garnies de feuilles bien plus longues que larges, et dont les fleurs verdâtres sont généralement disposées en épis qui se changent en un pompon cylindrique brun, velouté, de cinq à six pouces de long. — Il existe un grand nombre d'espèces de roseaux.

RUE, *bonheur paisible*. La rue est comme les mousses, les lichens, un de ces végétaux rangés dans la cryptogamie (1). On ne connaît pas encore bien les moyens et les prodiges de la fructification de tant de genres et d'espèces. Ces pampres verts, qui égaient les murs de nos terrasses, appartiennent presque tous au genre des fougères. On n'y distingue que des feuilles, dont le dos est chargé de graines reproductives; ce sont les parures de l'hiver. Elles ne valent pas celles du printemps, mais elles ont au moins autant de prix que la sagesse tardive de la vieillesse. La nature nous apprend, par son propre exemple, que lorsqu'on n'est plus belle, on peut bien encore être bonne. La mousse forme des lits pour les pauvres et sert ainsi à les réchauffer; elle garnit les toits de chaume et les rend plus impénétrables. Richesse du pôle, elle y nourrit le renne, sans lequel ce climat ne serait point habité; enfin, la mousse la plus sèche, reverdit à l'instant qu'on l'arrose.

(1) Cryptogamie, NOCES CLANDESTINES.

Sceau de Salomon.

SCABIEUSE , *abandon*. La scabieuse est cultivée comme plante d'ornement. On l'appelle fleur des veuves, et toute mélancolie peut en faire son attribut. C'est de la graine de scabieuse que Virginie , reléguée en France, envoie et recommande aux soins de Paul. Elle ne lui écrit pas, mais elle l'envoie à lui.

La fleur de la scabieuse forme une tête ronde à l'extrémité d'une longue tige ; sa couleur est un violet très-prononcé. Cette plante, que l'on dit originaire de l'Inde, a une variété blanche et se ressème souvent d'elle-même. On trouve dans les prés, une espèce sauvage, dont la fleur est d'un lilas tirant sur le gris.

SAUGE, *estime*. La *sauge odorante* ou *petite sauge*, est l'espèce que nous donne la Provence, que l'on cultive dans nos jardins, et que la Chine nous redemande en échange du thé qu'elle prodigue aux Anglais. Toutes les parties de cette plante répandent une odeur balsamique assez forte, mais cependant agréable; leur saveur est amère, chaude, analogue à celle du camphre. On s'en sert pour fumer, genre de distraction qui dissipe les chagrins en assoupissant les facultés; plaisir du marin, qui doit souvent éteindre sa pensée; fantaisie adoptée aujourd'hui, généralement par ceux qui sont incapables d'avoir une pensée; occupatiou du Turc et de l'Asiatique, qui, pour jouir entre des automates, ont besoin de se rendre automates eux-mêmes.

La sauge des prés se rencontre souvent dans la campagne. Elle jouit de propriétés analogues à celle de l'autre espèce, mais son odeur est plus forte. Si le parfum est le moral des plantes, la sauge des prés est d'un caractère plus solide qu'aimable. Elle se fait reconnaître à ses fleurs en épis d'un beau bleu foncé.

SCEAU DE SALOMON. Sa racine semble porter des cachets ou des empreintes qui lui ont valu son nom. Il y en a plusieurs espèces; la plus commune croît dans nos bois. Les fleurs blanches de cette plante sont pendantes et souvent solitaires.

SENSITIVE ou ACCACIE PUDIQUE, *pudeur.*

« Une plante, ô prodige ! à l'éclat de ses charmes
» Unit de la pudeur les timides alarmes.
» Si d'un doigt indiscret vous osez la toucher,
» Le modeste feuillage est prompt à se cacher,
» Et la branche mobile, aux mêmes lois fidèle
» S'incline vers la tige, et se range auprès d'elle. »

On cultive dans les serres l'accacie pudique, moins encore pour la beauté de ses fleurs azurées, que pour la sensibilité exquise de ses branches et de son feuillage ; au moindre attouchement on les voit fléchir, se rapprocher de leurs tiges et toutes les folioles s'éloigner comme par pudeur de l'objet dont elles ont été atteintes. Vers le soir, ou même quand le ciel se couvre et s'obscurcit, la sensitive plie ses rameaux, ses feuilles et semble endormie, et puis elle se relève et s'épanouit avec le retour du jour. On est parvenu à déranger ses heures, à la faire dormir en plein jour et veiller pendant la nuit en la mettant dès le matin dans une chambre noire, et la portant le soir dans une salle très-éclairée. Cette plante est originaire de l'Amérique méridionale.

SOLEIL ou TOURNESOL, *adoration.* C'est parce que les fleurs de ce beau végétal se tournent assez volontiers vers le soleil qu'on lui a donné le nom de tournesol. Il est originaire du Pérou. Sa tige droite s'élève de six à douze pieds. Ses fleurs présentent un vaste disque entouré de rayons jaunes, dont tout le champ d'une couleur brune est occupé par de petits fleurons, et plus tard, par des graines noires en forme de coin.

5.

SOUCI, *inquiétude, soupçon, jalousie*. Ce nom semble attrister l'imagination qu'il frappe. Cependant, comme tous les soucis, c'est bien plutôt à l'idée qu'on y attache qu'à ses propres qualités, qu'il doit de causer cette impression. Le souci des champs est très-commun dans les vignes ; mais le joyeux Bacchus, selon les Bourguignons, en guérit bien plus qu'il n'en cause. Ses tiges sont plus ou moins élevées ; ses rameaux diffus se terminent par des fleurs jaunes assez jolies.

Le souci des jardins est beaucoup plus grand et beaucoup plus vigoureux dans toutes ses parties que celui qui précède, et ses fleurs, d'un jaune orange, sont éclatantes et presque aussi larges que celles des reines-marguerites.

SERINGA, *amour fraternel*. Une douce odeur d'orange attire auprès du seringa, arbuste charmant, nommé en latin *philadelphus coronarius*. On croit que cette épithète fraternelle, tient à l'espèce d'entrelacement de ses branches ou au rapprochement de ses fleurs. Ses nombreux rameaux sont couverts de feuilles ovales, pointues, gaufrées d'un très-beau vert ; dentées vers leur pointe et régulièrement opposées ; ses fleurs, d'un blanc jaunâtre, sont douées d'une odeur agréable, mais un peu forte en général. Son feuillage ne se joue pas avec le zéphir ; il a une sorte de raideur dans sa contexture et dans sa position.

Trèfle.

TULIPE, *magnificence*. Il est une fleur, qui reçoit en Orient, les hommages dus à Flore elle-même. C'est la tulipe qui, tous les ans, est célébrée par les sultans. La fête des tulipes est magnifique et superbe dans leurs jardins et leurs sérails. C'est un contraste assez frappant, que celui d'un farouche musulman, qui célèbre ces fleurs passagères et brillantes qu'ont arrosées les odalisques. Tel est le besoin de céder aux 'grâces. Le despote lui-même, qui traite la beauté en esclave, sent qu'il lui faut au moins célébrer une simple fleur.

La tulipe, originaire de l'Asie, dont l'heureux climat enfante spontanément tant de fleurs et de fruits, habite l'Europe depuis 1550. Elle s'élève sur une tige ronde, dont la racine est un oignon. Les feuilles de la plante ''enveloppent à la base seulement, où elles se multiplient comme pour lui former un berceau. Cette feuille est longue, terminée en pointe, unie, courbée dans sa longueur, épaisse, et propre, tout ensemble, à servir de canal aux eaux qui doivent baigner la racine et en absorber la quantité surabondante. Au sommet de chaque tige, est une fleur unique dont la figure est celle d'un beau vase.

Les nuances de la tulipe se varient jusqu'à l'infini. Elles se panachent en tous sens et en mille couleurs. La beauté de ces mélanges consiste néanmoins dans la netteté des couleurs et dans leur direction longitudinale que les amateurs exigent encore. Ils ont mis cette belle fleur dans leur domaine ; ils la cultivent, ils la tourmentent, ils la mesurent. Le charme de la fleur est presque nul pour des goûts ainsi calculés.

L'oreille d'ours, la tulipe, la jacynthe, la renoncule et l'œillet sont presque les seules fleurs existantes pour le fleuriste.

Le soin de tant de beautés, ou naturelles ou de convention, l'orgueil de les avoir fait naître par le soin perpétuel et le choix des semences ; voilà de quoi occuper le mortel heureux, qui ne pouvant, comme dit Pascal, vivre tranquille dans sa chambre, sait vivre au moins dans son jardin.

TRÈFLE, *doutes*. Le trèfle présente en général une agrégation de petites fleurs papillonacées, qui se groupent en boules ; ses feuilles herbacées, et en trois folioles, couvrent une grande partie de la terre. Beaucoup de personnes n'ont jamais remarqué combien le trèfle a de variétés. Il est cependant amusant d'admirer les jeux de la nature jusque dans le tapis du plus simple gazon, et de distinguer parmi les espèces nombreuses de ces plantes, le bouquet rouge qui ressemble à une fraise, le blanc, qui adoucit la nuance très-décidée des herbes qui l'entourent, et ces petites perles jaunes du trèfle roux, qui semblent s'y glisser furtivement.

TROENE, *jeunesse*. Un modèle vraiment charmant, c'est la fleur du troëne, arbuste qui ressemble au lilas, mais en miniature. Ses feuilles étroites, oblongues, lisses, unies, épaisses et longtemps vertes, le rendent propre à garnir agréablement une haie que sa floraison rend odorante.

TUBÉREUSE, *volupté*. Cette plante, l'une des plus distinguées que l'on puisse cultiver, est originaire de Ceylan et de Java ; elle s'introduisit d'abord en Italie, et de là dans les autres contrées méridionales de l'Europe et de la France, où on la cultive en grand pour la préparation des pomades parfumées. La racine de la tubéreuse est un tubercule globuleux ; ses fleurs monopétales et d'un blanc pur ou rosé à l'extérieur, sont disposées en un bel épi terminal ; elles exhalent un délicieux parfum qui peut néanmoins indisposer les personnes dont le système nerveux est par trop sensible.

Urtica.

URTICA-ORTIE, *cruauté*. Il y a plusieurs espèces de ces végétaux qui croissent spontanément, sous presque toutes les latitudes, le long des murs, des haies et parmi les décombres. On connaît la douleur que cause la piqûre de l'ortie, on ignore généralement l'utilité de cette plante. Ses fibres offrent assez de consistance pour que dans certains pays de l'Europe, on en fabrique des toiles, des cordages, du papier même. Elle renouvelle l'air pur; les oiseaux mangent ses graines; quand elle se fane, on la donne en pâture aux vaches; on la pile pour les petits dindons; elle fournit une teinture jaune, et sous mille formes, elle offre des propriétés médicinales.

Quant à ses piqûres, c'est comme un poison dévorant qu'un dard subtil introduirait dans la veine qu'il atteint. C'est le poil qui garnit la surface inférieure des feuilles qui produit ce redoutable effet.

Vigne.

VIGNE, *ivresse*. La vigne fut introduite en Grèce, en Sicile, en Italie, à Marseille, par les Phéniciens ; mais il paraît que sous Numa, à peine la cultivait-on encore. Cette culture avait pris ensuite de rapides accroissements, lorsque Domitien, ignorant comme un despote, et ne sachant pas que le sol des vignes n'est point celui des blés, ordonna que toutes les vignes fussent arrachées. Il offrait ce remède à la disette qu'on venait d'essuyer. Le sage Probus ayant permis qu'on les replantât, leur restauration fut presque instantanée.

La floraison de la vigne n'a pas comme celle des *gramen* nourriciers, un appas ou un éclat qui la distingue. La nature, si soigneuse toujours de voiler de mille charmes les substances salutaires qu'elle fait naître, a voulu cependant que les premiers objets nécessaires n'empruntassent à aucun ce mérite dont notre reconnaissance, dont notre universel besoin les dispense. C'est une leçon de morale ! La science doit être aimable ; la bonté toute seule est aimée.

Cicéron, dans son Traité de la vieillesse, indique à cet âge respectable les jouissances patientes, paisibles mais vraies et complètes de l'agriculture en général et du soin des vignobles. Vamère a dit qu'après le désastre du déluge, Dieu avait donné la vigne à la terre pour la consoler de ses pertes et pour en réchauffer les habitants. On croit généralement que la vigne peut vivre pendant quatre ou cinq siècles, à en juger par la grosseur de quelques ceps. La durée d'un cep de vigne est, du reste, subordonnée au climat et à la nature du terrain.

La vigne est très-lente à produire. Déjà les feuilles garnissent toutes les tiges ; déjà mille fleurs émaillent la terre au pied même des plants de la vigne ; et ses branches tortueuses, desséchées, dont l'écorce s'enlève presqu'en bandes longitudinales, sont encore dans l'état de mort où elles ont passé tout l'hiver ! mais aussi la métamorphose de la chrysalide en papillon n'est pas plus complète et plus prompte que ne l'est à son tour celle de la vigne, quand ses branches sarmenteuses sortent de leur long engourdissement, et chaque jour vient ensuite changer sensiblement son aspect, jusqu'au moment où elle fournit ce suc délicieux et sain, qui nourrit quand il est en fruit, qui corrobore quand il est en liqueur, et dont l'eau-de-vie tire ses feux et le vinaigre son ressort. La nature se joue à prodiguer la création et à simplifier ses machines.

Violette.

VOLUBILIS, *attachement*. Les diverses plantes grimpantes et se roulant autour d'un support, dont les fleurs blanches, violettes, bleues ou rouges, ont la forme d'une cloche, sont généralement nommées volubilis. On en cultive de fort jolies espèces bleues et rouges dans les jardins, et les volubilis blancs sont très-communs dans les haies. On leur donne plus souvent le nom de *clochettes*.

VIOLETTE, *modestie*. On ferait un poëme entier sur

les charmes modestes de l'humble violette. Elle croit au pied des arbres et des buissons; elle aime l'abri quelconque que lui prête l'art ou la nature, et se hâte plus ou moins de paraître, selon qu'elle se trouve plus ou moins protégée contre le froid.

Elle vient par touffes : c'est une plante démocrate et socialiste, qui ne peut vivre qu'en réunion. Des feuilles cordiforme, légèrement dentelées et arrondies, lui servent de voiles et de sauve-garde. En cas d'orage, elles reçoivent les eaux dans le creux arrondi qu'elles forment. Le pédoncule de ces feuilles se prolonge en canal jusqu'à la racine pour y apporter l'arrosement nécessaire. Un soleil trop ardent est absorbé par ces mêmes feuilles, et ne peut atteindre la jeune beauté qu'elles préservent. Nymphe timide, vos doux parfums vous trahiront toujours.

VALÉRIANE, (grande), *facilité*. La grande valériane habite nos jardins et élève ses tiges touffues dans les parterres les moins soignés. Mais bien souvent, comme si elle essayait de s'enfuir, on la trouve sur les terrasses et même entre les pierres du mur qui les soutient. Un bouquet terminal, formé de la réunion de leurs fleurs, d'un blanc rougeâtre, est communément en boule, et ne s'allonge le long de la tige qu'en s'élargissant et en se déformant toujours. La nature se plaît à varier les couleurs dont suivant son caprice elle teint ses ouvrages. Cette touffe de valérianes roses produira des roses valérianes; la touffe blanche, des valérianes blanches, et toujours jusqu'à l'infini. Un trait quelconque dans l'organisation de ces deux êtres, déterminera donc le travail différent de leurs sucs semblables et le degré de leur fermentation.

VERVEINE, *pureté de sentiments.* La verveine est une plante grêle et très-large qui étend de frêles rameaux alternativement opposés et à d'assez grandes distances. La tige est verte et carrée; la feuille rare, assez dure au toucher et découpée profondement, mais peu régulièrement. De petites fleurs blanches ou d'un violet pâle sont disposées en longs et minces épis à la partie supérieure des tiges.

Une sorte de célébrité est attachée au nom de la verveine, parce que les anciens l'employaient fort souvent dans leurs pratiques religieuses. Chez les Celtes, les druides mêlaient la verveine au gui et croyaient qu'elle donnait la faculté de prédire l'avenir. Pendant la guerre, les hérauts que les Romains envoyaient à l'ennemi portaient de la verveine en signe de paix. On lui attribuait aussi dans l'antiquité le don d'assurer le bonheur : les jeunes mariés ne manquaient jamais d'en avoir un bouquet, et on en suspendait à la porte des maisons pour prévenir les maladies et écarter les maléfices. Au moyen âge cette plante jouait un grand rôle dans toutes les pratiques de sorcellerie. Enfin on a cru longtemps à ses vertus médicinales, mais aujourd'hui on est à cet égard entièrement désabusé.

XANTHORÉE, *utilité*. Ces végétaux appartiennent en propre à la Nouvelle-Hollande. Leur tige est généralement revêtue d'une couche résineuse; elles s'élèvent, feuilles et fruits compris, à la hauteur de deux ou trois mètres. La résine des xanthorées est jaune, rougeâtre, inodore, assez ressemblante à la gomme-gutte. Les naturels du pays la fondent et la mêlent avec de la terre pour en faire une sorte de mastic propre à calfeutrer leurs pirogues.

YUCA. Les plantes de ce genre croissent et prospèrent en Amérique, au sein des chaudes contrées qui avoisinent l'équateur. Leur tige, généralement arborescente, s'arrête quelquefois au niveau du sol. Elle est formée d'un tissu peu serré, et se termine par une grosse touffe de petites épines. Les feuilles sont rares, épaisses, bombées. Les fleurs offrent pour caractère distinctif une corolle en forme de clochette blanche et pendante. On en distingue plusieurs espèces, dont les plus belles figurent avec avantage dans nos jardins comme ornement.

ZALIA, *joli*. Ce sont des arbustes à feuilles simples et alternes (1). Les fleurs bleues ou blanches naissent sur les feuilles mêmes. Le fruit a la forme d'une baie à trois loges, contenant chacune une ou deux graines. On en connaît aujourd'hui sept espèces, dont plusieurs croissent au cap de Bonne-Espérance.

(1) On nomme feuilles alternes celles qui sont placées par degrés et montent l'une après l'autre ; et feuilles opposées, celle qui répondent aux deux points opposés de la tige. Les feuilles opposées sont toujours en croix.

NOMENCLATURE DES FLEURS

AVEC LES DIFFÉRENTS SENTIMENTS

DONT ELLES SONT LE SYMBOLE.

A

Absinthe ou Citronelle,	peines de cœur.
Acacia,	amour platonique.
Acanthe ou Brane-Ursine,	culte des beaux arts.
Aconit,	crime.
Adonide d'été,	souvenir tendre et douloureux.
Adoxa musqué,	faiblesse.
Agavé,	prudence.
Aloès bec de perroquet,	confusion.
Amaranthe,	constance.
Amaryllis,	très-belle, je brille.
Ananas,	perfection.
Ancolie,	folie.
Anémone,	abandon.
Angélique,	esprit mélancolique.
Anthémis,	contre-temps.
Arrête-Bœuf ou Bugrane,	entraves.
Aristoloch,	tyrannie.
Argentine,	naïveté.
Arum Gobe-Mouche,	piége.
Arum feuille en cœur,	ardeur.
Aspholède,	regrets ineffaçables.
Aster,	éloquence.
Aubépine,	doux espoir.

B

Baguenaudier arborescent,	prodigalité.
Balsamine,	impatience.
Barbe de Jupiter,	puissance.
Bardane,	importunité.
Basilic,	pauvreté.
Belle de jour,	coquetterie.
Belle de Nuit ou Nictage,	timidité.
Bétoine,	surprise, agitation.
Blé,	richesse.
Blé de Turquie ou Maïs,	abondance.
Bluet des blés,	clarté, lumière.
Bouillon blanc ou Molène,	bon naturel.
Boule de neige ou Viorne,	refroidissement.
Bourrache,	énergie, inspiration,
Bouton d'or,	raillerie.
Brise tremblante.	galanterie, frivolité.
Buglosse,	tromperie.
Buis,	fermeté, stoïcisme.

C

Cactus,	bizarrerie.
Camara piquant,	rigueurs.
Camélia,	durée.
Camomille romaine,	service.
Campanulle,	flatterie.
Capucine,	feu d'amour.
Centaurée musquée,	message d'amour.
Champignon,	méfiance.
Chelcédoine,	sollicitude maternelle.
Chèvrefeuille,	liens d'amour.
Chiendent,	obstination.
Ciguë,	perfidie.
Circée,	magie, enchantement.

Ciste,   jalousie.
Clématite bleue,   liens.
Consoude,   bienfaisance.
Coquelicot,   repos.
Coquelourde,   modestie.
Corbeille d'or,   tranquillité.
Coriandre,   mérite incompris.
Coronille,   ingénuité.
Couronne impériale,   dignité.
Crète de Coq,   perversité.
Cupidone,   source d'amour.
Cynoglosse,   amitié sans pareille.
Cyprès,   mort et regrets.
Cytise,   dissimulation.

D

Dahlia,   abondance stérile.
Digitale,   travail.
Dipsacus,   j'ai soif.

E

Eglantier,   Éloquence.
Ephémérine de Virginie.   bonheur d'un instant.
Epine noire,   difficulté.
Epine-Vinette,   aigreur.

F

Fénouil ou Ameth,   mérite.
Fougère,   confiance.
Foulsapate,   amour malheureux.
Fraisier,   délices.
Framboisier,   doux langage.
Fraxinelle ou Dictame,   vous embrasez mon cœur.

Fuchsia,   amabilité.
Fumeterre commune,   fiel.
Fusain,   votre image est gravée dans
                                      mon cœur.

G

Gatilier ou Agnus-Cactus,   chasteté.
Genet d'Espagne,   vertus domestiques.
Genèvriers,   consolation.
Gentiane jaune,   dédain.
Géranium écarlate,   bêtise.
Geranium triste,   mélancolie.
Gerbe d'or,   avarice.
Giroflée,   luxe.
Giroselle ou les 12 divinités,   recevez mes hommages.
Glayeul,   indifférence.
Gratiole ou Herbe au pau-   humanité.
    vre homme,

Grenadier,   concorde.
Grenadille bleue,   foi.
Groseillier,   vous faites mes délices.
Gui,   liaison dangereuse.
Guimauve,   douceur.

H

Helenic,   pleurs.
Hellebore,   bel esprit.
Héliotrope,   amour sans fin.
Hemerocale rouge,   plaisir renaissant.
Houblon,   apathie.
Houx,   défense.
Hièble ou Yèble, ou Sureau,   humilité.
Hortensia ou Rose du Japon,   beauté froide.

J

If,	tristesse.
Immortelle,	constance.
Ipoméa,	caresses.
Iris de Perse,	bonne nouvelle.
Ivraie ou Zizanie,	vices.
Ixia,	tourments.

J

Jacinthe,	aménité.
Jasmin blanc,	amabilité.
Jasmin jonquille,	sympathie.
Jolibois,	gentillesse.
Jouc des champs,	docilité.
Jonquille,	langueur d'amour.
Joubarbe des toits,	bienfaisance discrète.
Jujubier,	soulagement.

K

Kedsoura,	frugalité.
Ketmie ou Fleur d'une heure,	vous êtes jolie.

L

Lauréole, ou Bois-gentil,	dissimulation.
Laurier franc,	triomphe, gloire, victoire.
Laurier rose,	séduction.
Lavande, ou Aspic,	silence.
Lierre,	amitié éprouvée.
Lilas,	première émotion d'amour.
Lilas blanc,	jeunesse.
Lis blanc,	majesté, pureté.

Lis jaune, ostentation.
Liseron, faiblesse.
Lobélie du cardinal, amour du prochain.
Lunaire (grand) ou Monnaie
   du Pape, mauvaise paie.
Luzerne arborescente, éloge de la vertu.
Lychnise des champs. penchant invincible.

M

Marguerite ou Paquerette, innocence.
Marjolaine vulgaire, consolation.
Mauve, amour maternel,
Melianthe, hospitalité.
Mélisse officinale, bons offices.
Menthe, vertu.
Mille-feuilles ou Achillée, guérison, — santé.
Mille-pertuis, oubli des peines de la vie.
Mogori, parure.
Momordique piquant, colère.
Morelle Cerisette, beauté sans bonté.
Morelle douce-Amère ou
   Vigne Vierge, franchise et sincérité.
Muguet, retour du bonheur.
Myosotis, souvenez-vous de moi.
Myrte, amour.

N

Narcisse, fatuité, amour-propre.
Nénuphar ou Nymphea blanc, froideur.
Nicotiane, obstacle vaincu.
Nigelle ou Cheveux de Vénus, liens d'amour.

O

OEillet, amour vif et pur.

OEillet musqué (mignardise) souvenir passager.
OEillet blanc, amour fidèle.
OEillet ponceau, effroi.
OEillet jaune, mépris.
OEillet panaché, inflexibilité.
OEillet de pöëte, supériorité.
OEillet d'Inde (Taget), maturité anticipée.
Olivier, paix.
Onagre, ou fleurs du grand
seigneur, fierté.
Oranger, virginité, générosité.
Oreille d'ours, variation.
Orobe printanier, besoin d'aimer.
Ophrise mouche, indiscrétion.
Ophrise araignée, adresse.

P

Palmier, victoire, constance.
Pariétaire, misanthropie.
Pavot, sommeil.
Pêcher, plaisir d'aimer.
Pensée, souvenir, séparation.
Perceneige, ou Galantine, heureux présage.
Pervenche, amitié solide.
Phrytolaca, bon conseil.
Pied d'alouette, lisez dans mon cœur.
Pissenlit, légèreté, étourderie.
Pivoine, la beauté est au cœur et non
sur le visage.
Pois de senteur, délicatesse.
Primevère, cordialité.

Q

Queue de cheval, fécondité.
Quintefeuille, amour maternel.

6.

R

Rose,	beauté, amour.
— mousseuse,	extase de volupté.
— blanche,	candeur.
— de Provins,	amour de la patrie.
— à cent feuilles,	plaisir.
— de tous les mois,	éclat passager.
— capucine,	fantaisie,
— jaune,	amour conjugal.
Rose du Bengale,	beauté étrangère.
— musquée,	affectation.
— pompon,	grâce enfantine.
— trémière,	beauté noble.
Reine des prés,	vous régnez dans mon cœur.
Réveil-Matin,	brusquerie.
Renoncule,	vous brillez de mille attraits.
Reséda, ou herbe d'amour,	vos qualités surpassent vos charmes.
Romarin,	votre présence me ranime.
Ronce,	injustice, envie.
Roseau aquatique,	plaisirs champêtres.
Rue,	bonheur domestique.

S

Safran,	Usez, n'abusez pas.
Sainfoin,	choisissez vos amis.
Salicaire à épis,	reproche.
Saponaire,	vous êtes bonne à tout.
Sauge,	estime.
Saxifrage,	amitié.
Scabieuse,	tristesse, deuil.
Sceau de Salomon,	discrétion.
Sensitive ou Acacia pudique,	pudeur.

Soleil, Héliante,	courtisanerie, adoration.
Sorbier domestique,	prudence.
Souci,	inquiétude, jalousie.
Stramoine ou Datura,	artifice, déguisement.
Syringa,	amour fraternel.

T

Tammier, Sceau de N.-Dame,	j'implore votre appui.
Thym, Serpolet.	émotion instantanée.
Trèfle,	doutes.
Troène,	jeunesse.
Tubéreuse.	volupté.
Tulipe,	magnificence.

U

Urtica,	cruauté.

V

Valériane ou Polémoine,	facilité.
Velar ou Herbe au chantre,	hommage d'amour.
Verge d'or,	protégez-moi.
Véronique,	je vous offre mon cœur.
Verveine ou Herbe sacrée,	pureté de sentiment.
Vigne,	ivresse.
Violette,	attachement.
Viperine ou Serpentaire,	que de mal m'ont fait vos yeux !
Volubilis, Ipoméa pourprée,	comptez sur mon dévouement.

X

Xanthorée,	utilité.

Y

Yuca,	

Z

Zalica,	solitude.
Zephiraute,	inconstance.

PROPRIÉTÉS

CARACTÉRISTIQUES DES COULEURS

Et leur emploi pour exprimer ses pensées.

—

Si, pendant qu'il fait jour, on perce un petit trou à l'un des volets d'une chambre hermétiquement fermée, le rayon de lumière qui pénétrera dans la chambre par cette ouverture, ira peindre les objets extérieurs sur une surface blanche placée vis-à-vis du volet.

Si, sur le passage du rayon lumineux, on dispose un prisme de verre à trois pans, l'image qu'on observera sur la surface blanche, présentera sept couleurs disposées dans l'ordre qui suit :

Rouge, orangé, jaune, vert, bleu, indigo, violet ; ces couleurs, qu'on appelle *principales* ou *primitives*, sont comme les éléments de toutes les nuances possibles que l'on peut faire prendre aux surfaces des corps.

Les sept couleurs prises ensemble, forment ce qu'on appelle le *blanc ;* l'absence totale des sept couleurs produit le *noir*.

Propriétés caractéristiques des sept couleurs.

Le *rouge* est l'emblème de la force, de la puissance, de la richesse, du courage, d'une bonne santé, de l'emportement, de la colère, de la violence.

L'*orangé* signifie satisfaction, calme de l'âme, sentiment du beau, de l'opulence, du goût, de l'amour-propre et du respect de soi-même.

Le *jaune* caractérise l'homme faible, pacifique, content de peu, bon père, bon fils, bon époux, détestant les disputes, les procès, d'une santé chancelante.

Le *vert* est le signe de l'espérance, d'une bonne réussite, d'un prompt retour à la santé, d'un changement de position heureux, d'une vieillesse vigoureuse, longue et exempte d'infirmités.

Le *bleu* est l'emblème d'un caractère turbulent, avide peu délicat sur les moyens de s'enrichir, égoïste, fanfaron, inconstant en amour, menteur.

Le *violet* est le signe de l'innocence, de la bonté, de la crédulité, de la modestie, de l'amabilité, de la facilité à pardonner, de l'amour de la retraite.

L'*indigo* signifie piété, savoir, dignité, chasteté, discrétion, bonté, humanité, charité, amour des arts.

Le *noir* est signe de deuil, perte, malheur, mort, maladie mortelle, calamité....

Le *blanc* annonce la candeur, le repos de la conscience, la probité scrupuleuse, de grandes richesses noblement acquises.

ALPHABET CHROMATIQUE (en couleur),

ou l'art d'exprimer ses pensées au moyen des sept couleurs primitives.

Tous les mots de la langue française peuvent s'écrire au moyen de quatorze caractères qui sont :

a, b, c, d, e, f, g, i, l, m, n, o, r, u.

En effet, le *c* peut tenir la place du *k*, du *q* et même de *s*; le *b* est le *p* et le *v* adouci; le *d* peut se mettre pour le *t*; le *g* peut aussi tenir lieu du *j*; le *h*, le *x*, le *y*, le *z*, peuvent être supprimés sans grand inconvénient.

Soient les vers :

> Celui qui met un frein à la fureur des flots
> Sait aussi des méchants arrêter les complots :

on les comprendra sans peine, quoiqu'ils soient écrits, avec les quatorze caractères seulement, comme il suit :

> *Celui cui met un frein à la fureur dec flodc*
> *Cait auci dec mecanc arréder lec comblodc.*

Il suffit de donner au *c*, tantôt le son de *s*, tantôt celui du *k*. Ainsi *mecanc* se lira comme s'il était écrit *mesans*.

Ceci posé et convenu, rien de plus facile que de remplacer, sans désavantage, les lettres de l'alphabet, par les sept couleurs primitives; d'abord les sept premières le seront par le *rouge*, l'*orangé*, etc., comme il suit :

a   b   c   d   e   f   g.

Rouge, orangé, jaune, vert, bleu, indigo, violet.

Et comme les couleurs ont en elles-mêmes un signe caractéristique, il suffira d'un simple trait pour les indiquer... *i, i, i, i, i, i, i,* en admettant par exemple que les sept *i* qui précédent sont, le premier, rouge, le suivant orangé, le troisième jaune, etc., il sera facile de comprendre qu'ils pourront sans difficulté tenir lieu des lettres *a, b,* etc.

Quant aux sept autres caractères *i, l, m, n, o, v, u,* on les représentera aussi par les sept couleurs figurées par des *i* renversés, de sorte que tout l'alphabet se trouvera écrit ainsi.

i i i i i i i   ꞮꞮꞮꞮꞮꞮꞮ

Il va sans dire que les deux personnes qui voudront correspondre mystérieusement à l'aide des sept couleurs, devront convenir à l'avance des lettres que chaque couleur devra représenter; elles pourront même faire varier le système presque à l'infini : attendu qu'il sera indifférent que telle lettre soit représentée par une couleur plutôt que par tout autre. De sorte donc que la correspondance sera illisible, indéchiffrable, pour quiconque n'en connaîtra pas la clef.

Lorsqu'on voudra opérer, on disposera devant soi quatorze petits godets contenant deux fois les sept couleurs, à chacun desquels sera jointe une étiquette représentant une des quatorze lettres de l'alphabet réduit. Chaque godet aura sa plume; on pourra la remplacer par un petit bâton.

Que l'on ait par exemple à écrire les mots *Dieu est puissant et l'homme est faible,* on aura l'expression :

i Ɪ i Ɪ—i i i--i Ɪ Ɪ i i i Ɪ i—i i—Ɪ Ɪ Ɪ Ɪ i--i i i--i i Ɪ i Ɪ i, qu'on lirait facilement si le premier *i* à gauche était *vert*, le second, qui est renversé, était rouge, etc.

Représentons les sept couleurs par les chiffres 1, 2, 3, 4, 5, 6, 7, ces caractères représenteront aussi les sept premières lettres; les sept dernières pourront aussi être représentées par les mêmes chiffres surmontés d'un point comme il suit : $\dot{1}$, $\dot{2}$, $\dot{3}$, $\dot{4}$, $\dot{5}$, $\dot{6}$, $\dot{7}$, et l'on aura pour alphabet

1, 2, 3, 4, 5, 6, 7, $\dot{1}$, $\dot{2}$, $\dot{3}$, $\dot{4}$, $\dot{5}$, $\dot{6}$, $\dot{7}$.
a   b   c   d   e   f   g   i   l   m   n   o   r   u.

De sorte que l'expression ci-dessus pourra s'écrire en chiffres représentant les couleurs, comme il suit :

4157   534 $27\dot{1}33\dot{1}44$ 54 25 $\dot{3}35$ 534 $611\dot{2}2\dot{5}$

Dieu   ecd buiccand ed lomme ecd faible.

Écrire une lettre mystérieuse sur un fil blanc d'une longueur suffisante.

Rien ne sera plus facile, en faisant usage des sept couleurs : on n'aura qu'à marquer sur le fil, des points colorés en *rouge, orangé, jaune*, etc., disposés comme les lettres qu'ils devront représenter.

Ce fil, roulé en pelotte et recouvert d'un autre d'une couleur quelconque, pourra être envoyé sans exciter le moindre soupçon chez les personnes qui le porteront.

FIN.